蒸馏膜改性及膜蒸馏过程关键参数仿真模拟研究

李玉坤 著

黄河水利出版社
·郑州·

内 容 提 要

本书介绍了基于非溶剂致相分离法(NIPS),采用共混和双层涂敷技术研究开发出高渗透通量、可消除浓度极化的新型光催化自清洁蒸馏膜的方法;阐述了现代表征技术对蒸馏膜的晶型、表面形貌、多孔结构和疏水性等微观结构分析方面的作用;研究了脱盐(直接接触式膜蒸馏)、光催化和光催化-膜蒸馏等实验方法评价蒸馏膜的性能。此外,基于流体力学(CFD)仿真技术,借助 Fluent 6.3 数值模拟软件,通过分析膜面温度、膜两侧压力差、传质系数、膜面剪切力和温度极化系数,对膜蒸馏过程的传质动力学和膜蒸馏模块设计与优化研究。从蒸馏膜改性制备和模块优化角度为膜蒸馏工艺在水处理过程中持续、稳定、高效运行给予支持。

本书可供从事膜蒸馏分离技术研究、生产和工程应用的科技人员阅读,也可供大专院校相关专业师生阅读参考。

图书在版编目(CIP)数据

蒸馏膜改性及膜蒸馏过程关键参数仿真模拟研究/李玉坤著. —郑州:黄河水利出版社,2023.8
ISBN 978-7-5509-3724-6

Ⅰ.①蒸… Ⅱ.①李… Ⅲ.①膜-分离-化工过程-数值模拟-研究 Ⅳ.①TQ028.8

中国国家版本馆 CIP 数据核字(2023)第 167756 号

组稿编辑:陈俊克 电话:0371-66026749 E-mail:hhslcjk@126.com

责任编辑:景泽龙 责任校对:王单飞 封面设计:李思璇 责任监制:常红昕
出版发行:黄河水利出版社
地址:河南省郑州市顺河路 49 号 邮政编码:450003
网址:www.yrcp.com E-mail:hhslcbs@126.com
发行部电话:0371-66020550、66028024
承印单位:河南新华印刷集团有限公司
开本:787 mm×1 092 mm 1/16
印张:10.75
字数:200 千字
版次:2023 年 8 月第 1 版 印次:2023 年 8 月第 1 次印刷
定价:56.00 元

前　言

　　膜技术已成为解决当今全球水资源、能源和环境等领域重大问题的关键共性技术,是 21 世纪最有发展潜力的高新技术之一。膜技术如微滤、电渗析、反渗透、超滤、纳滤和膜蒸馏等,具有占地空间小、尺寸小和分离效率高等特点。其中,微滤、超滤、纳滤和反渗透均是基于压力的一种过滤技术;而膜蒸馏是基于温度差而进行的分离过程,由于设备简单,操作方便,集成性高,可在常压下进行,膜蒸馏技术已成为近二十年来发展最为迅速的分离技术之一。

　　目前,膜蒸馏技术作为一种可持续的、低能耗的海水淡化技术在诸多工程领域中具有一定的竞争力与应用前景,并广泛应用于水处理、食品、医药和特种分离等领域。本书旨在展示膜蒸馏技术的新进展,突出介绍国内外在这一领域的最新研究及发现。本书回顾了膜蒸馏技术的发展历程,综述了膜蒸馏技术的原理、影响因素及常见操作方式;论述了膜蒸馏过程中的极化现象、渗流机制、质量及热量传递机制;介绍了蒸馏膜的改性制备及表征技术、污染及控制方法、膜蒸馏工艺的应用。对膜蒸馏技术发展现状中存在的亟待突破的关键技术和问题进行分析并对膜蒸馏技术的发展前景进行展望。此外,还介绍了 CFD 技术在膜蒸馏过程中的应用进展。从蒸馏膜改性制备和模块优化角度为膜蒸馏工艺在水处理过程中持续、稳定、高效运行给予支持。

　　本书作者长期从事蒸馏膜的改性及应用探索,具有丰富的理论及实践经验;撰写过程中力求兼顾内容的专业性、科学性、新颖性;希望在传播和普及膜蒸馏科学技术知识,促进分离学科的发展,加快膜蒸馏分离技术的工业化应用等方面起到积极的作用。

　　本书参考了国内外膜蒸馏及其相关领域众多资料及科研成果,在此向有关作者致以诚挚的谢意!

　　由于作者的水平有限,疏漏之处在所难免,敬请广大读者给予批评指正。

作　者
2023 年 2 月

目　录

第1章 绪 论

　　水是自然生态系统和生命活动的重要资源,水资源短缺和对水资源日益增长的需求已经成为世界各地所面临的重要问题。地球表面大部分被海洋覆盖,海水占总水量的97.3%,淡水资源仅占约2.7%,其中冰川占1.76%,地下水约占0.76%,方便使用的淡水资源极为匮乏,不足总水量的1%。我国是一个严重缺水的国家,我国的淡水资源主要来自于降水,水资源人均拥有量仅为2 300 m³,不足世界平均水平的1/4。水资源时空分布不均,尤其加重了水资源的供需矛盾。为优化水资源配置,我国投入了大量的人力、物力来实施南水北调等大型水利工程。鉴于水资源面临的严峻形势,开发海水淡化技术成为全球科研工作者共同关注的前沿课题。

　　生活污水、工业废水和农田污染源所造成的水污染,加剧了我国生态环境,尤其是水环境的恶化,并危害着人体健康。其中,工业废水是水体的主要污染源。世界上已知的化学品种类已达10 000多万种,其中约有8万种为常用化学品。化学品在生活和生产中的需求催生了化工产业的飞速发展,由此也产生了大量的化工废水,给水体带来了严重的污染。据中华人民共和国生态环境部统计,2014年,我国废水排放总量为716.2亿t,其中工业废水约占28.7%。有机化工废水具有可生物降解性差、生态毒性高、成分复杂和盐度高等特点。传统的废水处理技术有生物法(有氧和厌氧)和物理化学法(理化药物混凝、杂物沉淀和杂质沉淀)等。考虑到经济方面和技术方面的原因,采用传统的废水处理技术已经很难满足日益提高的废水排放达标率的要求。面对工业废水的严峻形势,开发出经济环保的针对难降解有机废水的处理技术显得尤为重要。

　　膜分离技术(如微滤、电渗析、反渗透、超滤、纳滤和膜蒸馏等),具有占地空间小、尺寸小和分离效率高等特点。膜分离技术可以实现海水淡化,也可以应用于工业难降解废水的处理,是一种有前途的可替代传统方法的水处理技术。其中,微滤技术、超滤技术、纳滤技术和反渗透技术均是基于压力的一种过滤技术,而膜蒸馏技术是基于温度差而进行的分离过程。膜蒸馏技术的灵感来源于传统的蒸馏技术,且与之相似,这两种技术均需要对料液进行加热使液体汽化并冷凝收集,它们均是基于汽-液平衡的分离过程。在膜蒸馏过程中,由于疏水膜的作用,只有气体分子可以通过膜孔,而液体和固体成分不能通过。该分离过程的驱动力为疏水膜两侧的温度差所产生的压力差。目前,膜蒸馏技术依然处于研究和发展阶段,相比于反渗透技术,膜蒸馏技术的经济成本偏高。因此,反渗透技术依旧是膜分离技术在水处理中的首选。但是,膜蒸馏技术可以利用低品位热源(如冷却水、温泉、太阳能、潮汐能和地热等)驱动膜蒸馏过程。因此,膜蒸馏技术也可以具有比反渗透技术更好的经济性能。膜蒸馏技术具有在近乎常压下工作、对设备要求低和接近100%的截留率等优点。近年来,关于膜蒸馏技术在海水淡化和工业废水处理方面的研究越来越多。

蒸馏膜技术的自身结构和模块对膜蒸馏过程有很大影响,膜通量低、运行不稳定和热利用率低等问题制约着膜蒸馏技术的实际应用。因为实际废水中的组分比较复杂,如无机成分、有机成分和微生物等,在蒸馏膜长期运行过程中会造成膜污染。无机成分可通过预处理完成水的软化来解决。有机成分和微生物则可借助高级氧化等技术来解决。作为高级氧化技术的一种,半导体光催化技术起源于1972年,经过50多年的发展显得愈发成熟。有研究表明,将光催化工艺和膜蒸馏工艺联用,可取得不错的效果,并且光催化剂能够抑制微生物的生长,已有关于光催化和膜蒸馏技术联用的相关研究。但是这样会增加一个光催化反应池,增加了占地面积,不符合膜技术的集约型原则。也有研究者提出将光催化剂直接固定于超滤膜材料表面,在对废水进行处理过程中给予光照,该方法可降低超滤膜的有机负荷,从而实现超滤过程持续运行,进而提高膜的使用寿命。很少有将光催化剂固定在蒸馏膜材料表面,制备出具有光催化作用的蒸馏膜的文献报道。因此,研制出性能优越的蒸馏膜材料(高通量和高截留率),制备出具有光催化性能的蒸馏膜(降低浓度极化和有效消除膜表面吸附的有机物质),并从优化膜蒸馏模块角度提高膜的热利用率,对于膜蒸馏过程持续、高效、稳定运行具有重要意义。

1.1　膜蒸馏工艺概述

1.1.1　膜蒸馏的原理

膜蒸馏是将膜技术和蒸馏过程有机结合的一种膜分离技术,它的核心组成为疏水膜材料。膜蒸馏是以疏水膜两侧的温度差形成的压力差作为驱动力使料液侧的易挥发组分通过膜孔,蒸气在冷水侧完成冷却、液化,从而

实现物质的分离过程。膜蒸馏过程的原理(以直接接触式膜蒸馏的海水淡
化实验为例)如图 1-1 所示,料液侧的 NaCl 水溶液加热后,水吸收热量变成
水蒸气,在膜两侧蒸气压差的驱动作用下,水蒸气透过疏水膜材料的膜孔遇
到冷水侧的冷水放热液化,从而实现海水的淡化过程。相比于其他分离技
术(如多级闪蒸技术、反渗透技术和多效蒸馏技术),膜蒸馏具有以下优势:
操作简单、分离效果好、处理条件温和、对膜的韧性要求低和对装置要求不
高等。膜蒸馏过程中热侧料液的温度低于其真实沸点。此外,在膜蒸馏过
程中,由于分离膜材料的疏水特性,只有气体通过膜孔而液体和固体不能通
过。因为疏水膜为微孔结构的膜材料,膜孔较大且不易被水润湿,所以蒸馏
膜不容易受到污染。

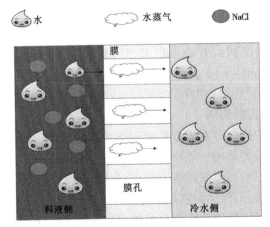

图 1-1　膜蒸馏过程的原理

1.1.2　膜蒸馏的影响因素

膜蒸馏的主要影响因素是:膜的自身结构、膜蒸馏过程的操作条件(温
度、流体速度)和模块设计(模块的结构)。膜蒸馏技术在水处理过程中的产
水效率受膜两侧水流方式(逆向流或同向流)、蒸馏膜材质、换热方式、料液侧
料液力学性能和热力学性能以及膜蒸馏模块构型的共同影响。操作条件直接
影响着膜蒸馏过程的总效率。众多膜蒸馏实验表明,温度是影响膜蒸馏效率
最为重要的因素,料液侧和冷水侧的温度对于膜蒸馏来说都非常重要,更高的
料液侧温度会带来更大的蒸气驱动力和蒸气产生量,进而可提高膜的渗透通
量。膜蒸馏的渗透通量也受料液成分、疏水膜结构和料液流速等的影响。

1.1.2.1　温度的影响

膜蒸馏过程中料液侧产生的蒸气通过膜孔的驱动力为膜两侧温度差而产生的压力差,膜两侧温度差越大,膜的渗透通量也越大。Manawi 等的研究结果表明温度是膜蒸馏过程中一个非常重要的影响因素,该实验同时指出在膜蒸馏过程中应该考虑如何避免温度极化现象。该实验研究了不同操作条件下的温度极化系数,结果表明最大的温度极化系数在水流速度为 3 L/min,冷、热侧温度分别为 20 ℃和 60 ℃条件下得到。此外,在水流速度为 1.5 L/min,且冷、热侧温度分别为 30 ℃和 70 ℃条件下,在膜蒸馏模块中加入导流网可以将温度极化系数由 0.47 提高到 0.66。Singh 和 Sirkar 的研究表明膜材料的传热系数对膜蒸馏效率有着决定性作用。Su 等通过实验和数学模型相结合的方法研究了由不同传热系数的原料制得的疏水 - 亲水中空纤维膜的气体通量。在冷、热侧温度分别是 20 ℃和 80 ℃的条件下,当内侧亲水层传热系数从 0.2 W/(m·K)增加到 1.4 W/(m·K)时,膜渗透通量可从 31.4 kg/(m²·h) 提高到 78.5 kg/(m²·h)。此外,将混有石墨微粒的多壁碳纳米管加入亲水层中,能够将膜的传热系数由 0.59 W/(m·K)提高到 1.30 W/(m·K)。

1.1.2.2　流体速度的影响

膜蒸馏过程中同时存在质量传递和热量传递过程,膜两侧流体流速对膜的渗透通量也有重要影响。陈华艳等的研究结果表明增加气扫式膜蒸馏过程中扫气的速度可以提高膜的渗透通量,这是因为气体流速的增加,削弱了膜表面的温度极化现象,但气体流速继续增加时,膜渗透通量趋于稳定。同样的,有研究指出提高料液侧流体速度也能使膜的渗透通量有所提高。刘捷等通过减压膜蒸馏过程的实验研究表明:提高料液的流速,可以提高膜的传质系数,增大膜面传热系数和削弱温度极化现象,进而实现提高膜渗透通量的目的。并且料液侧溶液浓度越高,膜通量提高的效果越明显。负延滨等研究了直接接触式膜蒸馏对高浓度 NaCl 溶液的处理,结果表明提高料液侧流体速度可以削弱膜表面温度极化和浓度边界层,进而提高膜的传质和传热能力,从而提高蒸馏膜的渗透通量。

1.1.2.3　导流板的影响

膜蒸馏模块中液体的流向对膜蒸馏过程也有重要影响。Wang 等研究了导流板对膜蒸馏效率的影响。该实验中用到了 7 个不同的膜蒸馏模块(1 个对照,另外 6 个设有不同的导流板)。在进水速度都设为 0.25 m/s 的情况下,不加导流板的对照组的膜渗透通量最小。在相同条件下,较多的导流板可明显提高膜渗透通量,这是因为导流板的存在增加了流体的紊流强度,进而削弱了膜表面的滞留层厚度。如果提高料液流速,导流板的作用就显得没有那么明显,这是因为料液流速的提高同样可以削弱滞留层的厚度,即增加导流板提高膜渗透通量的原理和提高料液流速来提高膜渗透通量的原理是一致的,只是导流板不需要提供额外的能量损耗。Ho 等指出提高料液侧流体通道的表面粗糙度可以提高膜蒸馏的传热过程和膜蒸馏模块的性能。该研究综合传质、传热理论和实验数据提出基于通道表面粗糙度的传热系数估算模型。该模型可用来预测具有不同粗糙度表面(料液侧)的膜蒸馏模块的传热系数。

1.1.2.4　膜结构的影响

一般来讲,膜孔径为 $0.1 \sim 1~\mu m$ 的疏水微孔膜适合在膜蒸馏过程中使用。膜孔径大小直接影响着蒸馏膜的防润湿能力,即影响着使膜润湿的最小压力(LEP)。LEP 可由式(1-1)估算:

$$LEP = \frac{-2B\gamma_1 \cos\theta}{r_{max}} \qquad (1-1)$$

式中:γ_1 为液体的表面张力;θ 为静态水接触角;r_{max} 为最大孔径;B 为几何因素。

有研究表明,料液侧溶液为纯水,最小的 LEP 值为 0.25 MPa。当料液侧溶液中有表面活性剂或有机物存在时,则需要膜具有更大的 LEP 值。除了对膜润湿阻力有影响,膜孔径也影响膜的传质系数。膜孔径约为 1 μm 的聚四氟乙烯疏水膜对盐的截流率较低,结果表明膜孔较大并不适合用于膜蒸馏过程进行脱盐处理,因此在膜蒸馏过程中要求疏水膜材料的孔径低于 1 μm。膜蒸馏的传质系数可根据质量传递机制,通过克努森数和通量的关系获得。但是,这需要借助复杂的数学模型。大量研究表明,蒸馏膜的孔径越大,膜渗透通量越大。同时,也有实验表明孔隙率和膜厚度对膜渗透通量也有影响,因此不能仅通过膜的孔径大小来判断膜的传质系数。需要综合考虑膜的厚度、孔径、孔隙率和气体的扩散系数等。此外,膜的传质系数也受到实验条件(如温度、膜面流速和膜蒸馏模块构造)的影响。因此,膜的传质系数的确定需要综合考虑膜自身结构参数、膜蒸馏实验运行工艺、膜蒸馏实验的操作方式和膜蒸馏模块的结构等因素。

1.1.3　膜蒸馏的操作方式

膜蒸馏技术属于新的膜分离技术,距离现在只有 60 年的研究历史。1963年,Bodell 提出膜蒸馏的概念,并由 Findley 于 1967 年公开出版。在 20 世纪

80 年代后期,随着膜蒸馏技术的进一步发展,人们对膜蒸馏过程的传热和传质理论有了更加深入的认识。膜蒸馏的应用不仅局限于脱盐实验,也可以用来处理包括石油废水在内的工业废水。随着膜蒸馏技术的不断发展,根据冷凝方式的不同,膜蒸馏现在主要开发出了 4 种类型:直接接触式膜蒸馏(DCMD)、气隙式膜蒸馏(AGMD)、气扫式膜蒸馏(SGMD)和减压式膜蒸馏(VMD),如图1-2 所示。这 4 种操作方式有相似的地方,都有一张疏水膜材料且料液与膜面直接接触,但冷凝方式不同,各有其优势和缺点。

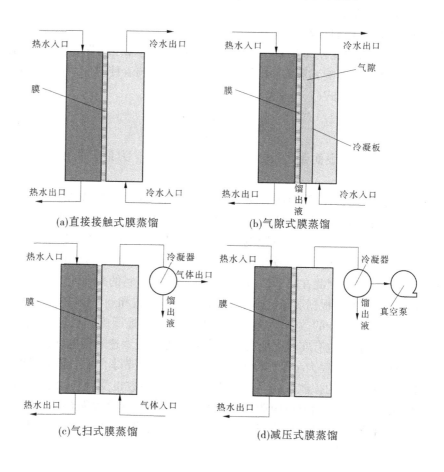

图 1-2　膜蒸馏的几种分类

如图 1-2(a)所示,在直接接触式膜蒸馏装置中,疏水膜直接和冷、热侧液体接触。由于膜自身的疏水特性,热侧的料液在模块内被浓缩且不能透过膜,而由温度差产生的驱动力则可以使料液侧产生的蒸气透过膜孔,并在冷水侧被冷水凝结。这是一个简单的膜蒸馏模块,并且被广泛应用于海水淡化和食品工业的溶液浓缩处理。值得一提的是,近年来关于疏水膜制备的研究大部分都使用直接接触式膜蒸馏来考察其基本性能。和其他膜蒸馏过程相比,直接接触式膜蒸馏可以降低冷水侧的传质阻力。然而,在直接接触式膜蒸馏装置中由于热传导引起的热损失比较严重。为了降低该部分热损失,对膜表面进行疏水改性或者制备多层结构的复合蒸馏膜成为研究热点。本实验制得的膜材料也是用直接接触式膜蒸馏装置考察其脱盐性能和对工业废水的处理能力。

如图 1-2(b)所示,相比于直接接触式膜蒸馏,气隙式膜蒸馏在模块中引入了一条狭窄的气隙,该气隙位于疏水微孔膜和冷凝板之间。透过膜孔的气体在膜蒸馏模块内部的冷凝板表面凝结成液滴而被收集,从而实现膜分离过程。模块中气隙的存在增加了膜蒸馏过程的传质阻力,但是由热传导而造成的热损失较低。因此,气隙式膜蒸馏是热效率较高的一种膜蒸馏模块。在气隙式膜蒸馏模块中,气体在冷凝板上凝结产生的潜热可以很快恢复。此外,一些研究学者也对气隙式膜蒸馏装置进行了改进研究,以推动气隙式膜蒸馏的发展与应用。

如图 1-2(c)所示,在气扫式膜蒸馏装置中,透过膜的蒸气被惰性气体吹出后经冷凝板冷凝,从而得到馏出液,实现对料液成分的有效分离。该模块要求惰性气体具有较低的导热系数。和气隙式膜蒸馏过程一样,气扫式膜蒸馏传热损失也不高,但是它不稳定。在气扫式膜蒸馏过程中,由于通过膜的传热使惰性气体的温度沿着传递方向升高,从而导致膜两侧驱动力逐渐降低。因此,将模块做小(长度)和降低惰性气体温度成为气扫式膜蒸馏的研究重点。气扫式膜蒸馏最大的优点是传质率高和热损失低。这个模块的缺点同样明显:模块体积小、需要的冷凝板大、产生的废气多。鉴于这些问题,关于气扫式膜蒸馏的研究很少。

如图 1-2(d)所示,在减压式膜蒸馏装置中,模块的馏出侧为真空或近真空状态。为降低馏出侧压力,需要额外引入一个减压装置——真空泵。该装置的冷凝板置于模块外部。与其他膜蒸馏模块相比,减压式膜蒸馏模块的热量损失较低,并可以提供最大的驱动力以获得更高的膜渗透通量。因此,减压式膜蒸馏在重金属去除、醇类净化等方面具有良好的应用前景。传热损失几乎可以忽略不计是减压式膜蒸馏模块最大的优点。减压式膜蒸馏的冷凝过程发生在模块外部,提高了占地面积,真空泵也提高了减压式膜蒸馏过程的能量消耗。需要指出的是,滞留在膜孔内的空气会提高其传质阻力。为解决该问题,需要对料液进行脱气处理。

1.1.4　膜蒸馏常用的膜

用于膜蒸馏过程的膜要具备多孔结构、孔径为 0.1~1 μm、孔隙率高、疏水性强、传热系数低、表面能低、抗润湿能力强、抗污染、良好的热稳定性和优异的化学稳定性等特点。膜材料是影响膜蒸馏效率的一个非常重要的因素。膜蒸馏可广泛应用于地下水、海水、污水、废水、放射性水、冷却水、锅炉排污水和工业水处理等过程。膜蒸馏用膜是决定膜蒸馏过程能否成功运行的关键。此外,在膜蒸馏过程中,需要根据目标污染物性质的不同,选择不同类型的疏水膜。陶瓷膜具有亲水性,所以不适合用作蒸馏膜,但有研究者对其进行疏水改性用作膜蒸馏。而几种有机高分子膜材料自身具有疏水性,如聚丙烯(PP)、聚偏氟乙烯(PVDF)和聚四氟乙烯(PTFE),可被加工成管状、中空纤维状和平板状等结构形式的疏水膜并用于膜蒸馏过程。PVDF 膜表面能为 30.3×10^{-3} N/m,且有适中的热稳定性和良好的抗化学腐蚀能力;PP 膜具有较低的膜表面能(30.0×10^{-3} N/m),但是热稳定性和化学稳定性相对较差;PTFE 膜的表面能最低,为 $9.0 \times 10^{-3} \sim 20.0 \times 10^{-3}$ N/m。强疏水性和高孔隙率使 PTFE 膜具有渗透通量高且不易被润湿的特点。表面能低、孔隙率高(合适的平均孔径和较窄的孔径分布)和导热系数低的膜是膜蒸馏过程的首选。综合考虑这 3 种高分子材料,PTFE 膜最适合用于膜蒸馏过程,但 PTFE 材料成膜加工难度大;PP 膜易加工,但热稳定性和化学稳定性较差;PVDF 比 PTFE 容易加工,成为疏水膜材料研究的热点。高分子膜材料的基本性能参数,如表面能、导热系数、热稳定性和化学稳定性如表 1-1 所示。

表 1-1　高分子膜材料的基本性能参数

高分子材料	表面能/ (10^{-3} N/m)	传热系数/ [W/(m·K)]	热稳定性	化学稳定性
PTFE	9~20	0.25	好	好
PP	30	0.17	一般	一般
PVDF	30.3	0.19	一般	好

1.2 膜蒸馏过程机制

1.2.1 极化现象

膜蒸馏用于海水淡化和废水处理过程,要求料液侧的溶质性质稳定且不易挥发。模块内液体的流体动力学可用来分析考察模块的设计、导流网的类型、流体性能和流体速度对膜蒸馏过程的影响。由于膜两侧温度不同,热量会从料液侧传递到冷水侧。模块内流体的流动几乎是层流,流体在通道内的流动与膜蒸馏要求的理想流动有很大的差距。因此,膜面的温度和流体通道内的温度是不同的。在料液侧,由于存在热量交换,膜面的温度低于料液侧通道内流体的温度,而在馏出侧则刚好相反,这种现象被称为温度极化。温度极化现象会降低膜两侧的驱动力。温度极化受流体力学、膜的厚度和膜的导热性的影响。与温度极化类似,随着料液侧溶剂不断减少,膜表面的浓度也高于料液主体浓度。在海水和废水处理中,浓度极化会削弱膜蒸馏的驱动力并降低料液侧中水的活度,这种现象为浓度极化。如图 1-3 所示,在典型的直接接触式膜蒸馏模块中,膜表面的浓度极化和温度极化是同时存在的,它们共同影响着膜蒸馏的传热和传质过程。

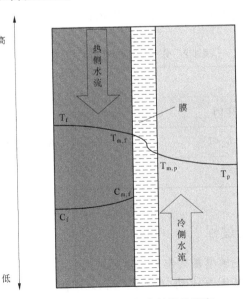

图 1-3 膜蒸馏过程中的极化现象

1.2.2 渗流机制

跨膜传质过程大致有 3 种基本机制:克努森扩散、泊肃叶流动(黏性流)和分子扩散。在克努森扩散模型中,因为孔隙太小而忽略了分子之间的碰撞。此外,球形分子和膜内部的碰撞是主要的传质形式。如果孔隙大于分子的平均自由程则会出现分子扩散。如果分子在膜孔内像液体一样流动,则称之为泊肃叶流动。一般来说,3 种传质机制是同时存在的。

克努森数(K_n)可以定量反映分子在膜孔内的传质机制,它是分子平均自由程和膜孔径大小的比值,如式(1-2)所示。

$$K_n = \frac{S}{d} \tag{1-2}$$

式中:S 为气体分子平均自由程,m;d 为膜的平均孔径,m。

S 可由式(1-3)估算:

$$S = \frac{K_B T}{\sqrt{2}\,\pi d_e^2} \tag{1-3}$$

式中:K_B 为波尔兹曼常数($1.380\,622 \times 10^{-23}$ J/K);T 为膜孔内的绝对温度,K;d_e 为水蒸气或空气的碰撞直径(2.64×10^{-10} m 和 3.66×10^{-10} m)。

大部分膜孔径为 $0.2 \sim 1.0$ μm,60 ℃水蒸气的平均自由程是 0.11 μm。因此,K_n 值为 $0.11 \sim 0.55$。不同孔径的膜内部传递机制可以通过 K_n 来判断,如表 1-2 所示。

表 1-2　分子扩散机制和 K_n 的关系

K_n	扩散类型
$K_n \leqslant 0.01$	分子扩散
$0.01 < K_n < 1$	克努森-分子扩散过渡
$K_n \geqslant 1$	克努森扩散

1.2.3 质量传递过程

许多研究和理论模型被提出来分析膜蒸馏实验中气体和蒸气通过多孔膜的质量传递过程。基于气体动力学理论可以用来预测膜蒸馏过程的质量传递。一般情况下,在膜蒸馏过程中气体通过膜孔的形式是对流和扩散迁移。

在有空气存在的情况下,质量传递模型可以用分子扩散模型来描述。膜孔内没有空气存在时,膜结构所产生的阻力就可以由克努森扩散模型或泊肃叶流动模型来表述。在膜蒸馏理论研究中,通常假定膜具有均匀且不连通的圆柱形膜孔。近年来,孔径分布也被用来研究直接接触式膜蒸馏和减压式膜蒸馏模块的质量传递过程。

蒸气以膜两侧的温度差产生的压力差为驱动力通过膜孔。蒸馏膜的渗透通量和膜两侧压力差之间满足线性关系,膜渗透通量代表每平方米膜每小时在馏出侧所收集到的水的质量,如式(1-4)、式(1-5)所示。

$$J = \frac{m}{At} \tag{1-4}$$

式中:J 为膜渗透通量,kg/(m²·h);A 为膜有效面积,m²;t 为取样时间,h;m 为透过液的质量,kg。

$$J = C_m \cdot \Delta P = C_m(P_1 - P_2) \tag{1-5}$$

式中:C_m 为膜的扩散系数;P_1 和 P_2 为热侧膜面(温度 T_1)和冷侧(温度 T_2)膜面的压力。

膜面的压力可根据安托尼方程估算:

$$P = \exp\left(23.238 - \frac{3\,841}{T - 45}\right) \tag{1-6}$$

式中:$\overline{T}$ 为膜面平均温度;23.238、3 841.45 均为常数。

由拉乌尔定律可知,随着料液侧浓度的提高,蒸气压力有所降低,如式(1-7)所示。

$$P_c^v = (1 - x_c) P \tag{1-7}$$

式中:P_c^v 为料液侧膜面压力;x_c 为溶质在水溶液中的质量分数。

由克努森传质机制估算的膜蒸馏系数 C_m^K 可由式(1-8)估算:

$$C_m^K = \frac{2\varepsilon r}{3\tau\delta}\left(\frac{8M}{\pi RT}\right)^{\frac{1}{2}} \tag{1-8}$$

由分子扩散机制估算的膜蒸馏系数 C_m^D 可由式(1-9)估算:

$$C_m^D = \frac{\varepsilon}{\tau\delta} \frac{PD}{P_a} \frac{M}{RT} \tag{1-9}$$

由克努森-分子扩散机制估算的膜蒸馏系数 C_m^C 可由式(1-10)估算:

$$C_m^C = \left\{\frac{3}{2}\frac{\tau\delta}{\varepsilon d}\left[\left(\frac{\pi RT}{8M}\right)^{\frac{1}{2}} + \frac{\tau\delta}{\varepsilon}\frac{P_a}{PD}\frac{RT}{M}\right]\right\}^{-1} \tag{1-10}$$

式中:ε 为膜的孔隙度;τ 为表膜的弯曲度;δ 为膜的厚度,m;d 为膜的平均孔径,m;R 为气体常数,J/(kg·K);T 为膜孔内的绝对温度,K;M 为分子量,kg/mol;D 为扩散系数;P 为膜孔内的平均压力,Pa;P_a 为膜孔内空气压力,Pa。

1.2.4 热量传递过程

通过膜的热量传递可总结为以下模型。

1.2.4.1 从料液侧到热侧膜边界层的对流传热

$$q_f = h_f(T_f - T_{m,f}) \tag{1-11}$$

式中:q_f 为料液侧热通量,W/m²;T_f 为料液侧流道平均温度,$T_f = (T_{f,i} + T_{f,o})/2$,$T_{f,i}$ 为料液侧进水温度,$T_{f,o}$ 为料液侧出水温度;h_f 为料液侧对流传热系数,W/(m²·K);$T_{m,f}$ 为料液侧膜面温度。

1.2.4.2 通过膜的总热通量

通过膜的总热通量 q_m 由两部分构成:通过膜材料和膜孔的热传导 q_c 和汽化分子的潜热 q_v。能量守恒的微分方程表达如下:

$$q_m = q_c + q_v = k_m \frac{dt}{dx} + JH_v \tag{1-12}$$

式中:H_v 为水在温度为 $\dfrac{T_{m,f} + T_{m,p}}{2}$ 时的蒸发焓,$T_{m,f}$ 为料液侧膜面温度,$T_{m,p}$ 为渗透侧膜面温度;J 为膜渗透通量;k_m 为膜的传热系数。

1.2.4.3 热量通过馏出侧膜边界层进入冷侧发生的对流传热

$$q_p = h_p(T_{m,p} - T_p) \tag{1-13}$$

式中:q_p 为冷侧热通量,W/m²;T_p 为冷侧流道平均温度,$T_p = (T_{p,i} + t_{p,o})/2$,$T_{P,i}$ 为渗透侧进水温度,$T_{P,o}$ 为渗透侧出水温度;h_p 为冷侧对流传热系数,W/(m²·K);$T_{m,p}$ 为冷侧膜面温度。

在稳定状态:

$$q_f = q_m = q_p \tag{1-14}$$

整体的传热系数可由式(1-15)得到:

$$U = \left[\frac{1}{h_f} + \frac{1}{\dfrac{k_m}{\delta_m} + \dfrac{JH_v}{T_{m,f} - T_{m,p}}} + \frac{1}{h_p} \right]^{-1} \tag{1-15}$$

式中:δ_m 为膜厚;其余字母含义同上。

通过膜的总热量转移率:

$$q_t = U(T_f - T_p) \tag{1-16}$$

料液侧的能量守恒:

$$q_f = m_f C_p (T_{f,i} - T_{f,o})/A \tag{1-17}$$

Pohlhause 基于平板层流运动提出料液侧对流传热系数估算方程,见式(1-18):

$$h_f = \frac{0.332k}{L} \left(\frac{u_0}{v}\right)^{\frac{1}{2}} \left(\frac{C_p \mu}{k}\right)^{\frac{1}{3}} (2L^{\frac{1}{2}}) \tag{1-18}$$

式中:m_f 为料液侧流体通量,kg;A 为膜面积,m²;C_p 为水的比热容,J/(kg·℃);L 为流体通道长度,m;k 为流体的传热系数,W/(m·K);ρ 为流体密度,kg/m³;μ 为流体的动力学黏度,u_0 为流体的线速度,m/s。

根据式(1-11)、式(1-17)和式(1-18)可求得 $T_{m,f}$,进而求得 $T_{m,p}$、q_t,膜蒸馏的传热效率表示为

$$E_t = \frac{JH_v A}{q_t} \times 100 \tag{1-19}$$

膜蒸馏的传热效率是水变成蒸气消耗的能量和系统消耗总能量的比值。然而,通过膜的热传导被认为是热量损失。这部分热量损失应该尽量降低以提高膜蒸馏的热效率。更准确地说,计算膜蒸馏热效率(η)所用到的总能量应该包括热能(q_T)和泵所消耗的电能(q_E):

$$\eta = \frac{JH_v A}{q_T + q_E} \tag{1-20}$$

在膜两侧会有气液界面,因为膜两侧温度不同,在这个界面会形成传热边界层。这个差异被定义为温度极化系数(TPC)。

$$\text{TPC} = \frac{T_{m,f} - T_{m,p}}{T_f - T_p} \tag{1-21}$$

对于设计合理的膜蒸馏模块,TPC 值比较稳定,一般情况下 TPC 值为 0.4 ~ 0.7,这意味着在边界层的热量损失可达到 30% ~ 60%。研究表明提高膜两侧的流体速度,降低温度,尤其是降低料液温度可以提高 TPC 值,但是降低料液温度会使膜两侧温度差变小,进而降低料液侧气体通过膜孔的驱动力而降低膜的渗透通量。

1.3　膜蒸馏工艺研究进展

1.3.1　膜蒸馏的应用

膜蒸馏的应用远远超出了海水淡化的范畴。目前,膜蒸馏可用于废水处理、地表水和饮用水净化、化工生产、盐结晶、果汁浓缩、生物医药行业血液和蛋白中水分的去除、印染工业染料的去除以及水溶液中硼和砷的去除。在废水处理中,膜蒸馏可用于制药废水、油田回注污水处理和放射性废水的处理。废水的处理对于水资源的可持续性利用非常重要。膜蒸馏的应用还包括悬浮质、可生化降解有机质和病原菌的去除。膜蒸馏对废水的处理也有一些理论性进展,如放射性废水的传质机制和渗透通量的估算。研究表明膜蒸馏可以从放射性废水中分离所有的 Cs^+、Sr^{2+} 和 Co^{2+}。膜蒸馏在冷却塔污水处理方面也取得了不错的成果。Yu 等考察了直接接触式膜蒸馏对冷却塔污水的处理效果。料液温度为 60 ℃时,膜的渗透通量可以达到 30 L/($m^2 \cdot h$),截留率高达 99.95%。长时间处理此类废水,膜面会结垢。在废水中加入阻垢剂后,膜的渗透通量可恢复至 87%。

1.3.1.1　**石油废水处理**

在石油开采和加工过程中会产生大量的石油废水。未经处理的石油废水对水环境产生的影响一直困扰着人们。近年来,DCMD 工艺已经应用于石油废水处理,它可以在污水排放到环境中之前将有害成分去除。石油废水是以石油企业生产天然气和石油的副产物命名的。石油废水中含有溶解性有机物、重金属和放射性物质。据估计全球每天生产 2.5 亿桶成品油,由此产生的石油废水为成品油的 3 倍。大量石油废水的产生对水资源短缺的国家威胁极大。DCMD可以处理高盐废水且不会造成膜渗透通量的明显下降,因此 DCMD 非常适合用于石油废水的处理,并且 DCMD 在处理石油废水时不需要提供额外的能源。当然,DCMD 处理石油废水也有自身的缺点,石油废水中含有一些小分子有机化合物,这些小分子的沸点低于水,因此可随水蒸气一起通过膜孔,而使产水中含有这些小分子化合物。此外,废水中含有的醇类和表面活性剂会降低料液表面张力,从而使膜孔较易润湿,影响膜的截留效果。虽然蒸馏膜因孔径较大而不易污堵,但经过长时间运行,膜污堵现象还是会出现,对质量传递和能量传递造成干扰。污堵,不管是无机、有机还是微生物,均会造成膜渗透通量的下降。在这种情况下,预处理是必要的。预处理需要去除易挥发的有机组分、微生物以及易沉淀的无机组分,预处理将会提高 DCMD 在石油废水处理中的成本。并且石油废水成分不稳定,所以还需要设置后处理工艺。

1.3.1.2　果汁和食品废水浓缩

除海水淡化和石油废水处理外,近年来,膜蒸馏也成功应用在其他领域。Jensen 等在黑加仑子汁的浓缩实验研究中,提出了尘气模型(DGM)。膜表面的浓度极化可通过质量传递和热量传递系数的经验公式估算。该模型能够预测 DCMD 在处理黑加仑子汁时膜的渗透通量,且误差低于 10%。也有关于膜蒸馏在食品废水的浓缩应用研究。Kezia 等研究了不同孔径的平板 PTFE 膜(0.05 μm、0.22 μm 和 0.45 μm)对奶酪制造行业产生的咸乳清废水浓缩。最后料液侧总固体质量浓度约为 30%,水回用率可达 37% ~ 83%。该实验指出膜的污染主要是由磷酸氢钙沉淀引起的。

DCMD 在苹果汁的浓缩当中也有应用研究。果汁的浓缩率可以达到 50%,且渗透通量可以达到 9 kg/(m² · h)。在 DCMD 处理橘子汁浓缩实验中用到了 PTFE 膜。该实验考察了料液流速、料液温度和料液浓度等对 DCMD 实验的影响。提高料液侧的流速可以降低浓度极化的影响,进而提高膜的渗透通量。澳大利亚的研究者采用 DCMD 对全脂牛奶、脱脂牛奶、乳清蛋白和纯乳糖溶液进行浓缩处理。这个实验中用到的膜材料为平板 PTFE 膜,考察了 DCMD 对乳制品的可持续性加工。在乳清蛋白的浓缩实验中,膜渗透通量可以达到 10 kg/(m² · h),是脱脂牛奶膜渗透通量的 2 倍。

1.3.1.3　化工生产和废水处理

DCMD 与化学反应器联用,可用于将 KCl 转变成 $KHSO_4$ 的实验过程。料液侧温度设为 333 K 或 343 K,而馏出侧温度设置为 293 K。结果表明反应温度为 343K,KCl 和 H_2SO_4 的比例为 1:2 时,$KHSO_4$ 的转化率比较高。DCMD 也可以用于重金属的去除。Bhattacharya 等研究了不同的膜材料对六价铬(Cr^{6+})的去除。结果表明混合聚乙二醇对苯二甲酸酯可以提高 PTFE 膜的渗透通量。DCMD 也可用来去除水中的氨。Qu 等比较研究了水中氨的快速去除,这个实验使用的为改进的 DCMD 装置(MDCMD)、DCMD 装置和中空纤维接触器(HFMC)。经过 105 min 的处理,氨的去除率分别为 99.5%、52% 和 88%。在 MDCMD 实验中,料液侧的 pH 为主要的影响因素,最佳的 pH 为 12。研究结果表明增加料液温度、提高料液进水流速均可以提高氨的传质系数(氨的渗透通量)和氨的去除率。DCMD 也可以用来处理含砷的地下水,太阳能驱动的蒸馏装置(SDMD)被用于该实验。该实验用到由 PTFE 和 PP 为材料制备的 3 种疏水膜,膜的有效面积为 120×10^{-4} m²。研表明冷、热侧的温度对膜渗透通量有明显影响,砷的去除率可达100%,在反应时间达到120 h也没有出现膜孔润湿的情况。PTFE膜的渗透通量最大可以达到49.80 kg/(m²·h)。Yarlagadda等的研究结果表明DCMD也可以用于含砷、氟地下水的处理。

1.3.1.4　资源回收

DCMD可用于磷的回收,正渗透(FO-DCMD)混合工艺可以实现磷从硝化污泥的提取。在处理过程中,FO可以从$MgNH_4PO_4·6H_2O$中完成正磷酸盐和铵盐的提取。对获得的$MgNH_4PO_4·6H_2O$进行晶型测试、元素分析表明,FO-DCMD工艺适用于磷的回收。DCMD因其在废水清洁化中表现出巨大的潜力而被研究者关注。DCMD也可用来处理橄榄油厂废水,选取3种PTFE膜材料($0.2\ \mu m$、$0.45\ \mu m$和$1.0\ \mu m$)研究不同温度条件下的处理效果。研究表明,膜孔大小对橄榄油厂废水中多酚分离系数的影响不大。纺织工业需要消耗大量的水并产生高污染的废水。纺织废水必须经过处理才能在生产过程中回收。Banat等以亚甲基蓝为目标物研究并探讨真空膜蒸馏工艺对染料废水处理的潜在应用。Calabro等研究了膜蒸馏对染料废水的处理,该研究指出膜蒸馏过程可同时实现有机染料的回收和清洁水的生产。

1.3.2　蒸馏膜的污染及控制

膜污染在所有类型的膜应用过程中都会遇到。由于膜污染问题比较复杂,因此很难给出一个关于膜污染现象的具体定义。通常意义上的膜污染是指在膜处理过程中,经过长时间的积累和沉淀,料液中的成分(固体颗粒和溶解性物质)会迁移至膜表面或膜孔内部,导致相同的实验参数下,膜的渗透通量随着时间推移而降低的一种现象。对污染的类型进行判断是很重要的,在众多水和废水处理的研究中大致将污染分为有机污染、无机污染、生物污染和胶体污染。主要的膜污染物类别如表1-3所示。膜蒸馏中的污染最初是在果汁浓缩和牛血清蛋白实验中提出的,当时认为蒸馏膜的膜孔较大不易受到污染,膜通量的下降仅仅是因为浓度极化造成的。后来的研究表明,将膜表面直接暴露于高浓度的料液中,长时间运行也会导致蒸馏膜受到污染。大多关于膜蒸馏的污染研究集中于生水垢和有机污染。关于生物污染的研究不是很多,这是因为在膜蒸馏过程中,生物对膜的污染相较于有机污染和无机污染相对较弱。

表 1-3 主要的膜污染物类别

颗粒污染物	生水垢	有机物	生物污染
膜表面或膜孔内部	在膜表面结晶沉降	吸附在膜表面	在膜表面生成
水中悬浮物、金属氢氧化物	水中存在的无机盐成分	水中天然有机质、工业有机废水	水生生物、真菌、藻类微生物

1.3.2.1 蒸馏膜的污染

Hsu 等在研究 DCMD 对海水淡化的实验中发现,膜污染会导致渗透通量下降,该研究指出蒸馏膜因料液侧的热现象而容易受到污染。另外两个关于自来水制备高纯水的实验结果表明,经过长时间膜蒸馏实验,膜表面会有碳酸钙出现而导致膜污染。连续 100 d 的海水脱盐实验结果表明,膜的渗透通量会由 23.8 kg/(m^2 · h)下降至 14.4 kg/(m^2 · h)。检测膜成分发现,膜表面和膜孔内形成了无机盐沉淀。Shirazi 等采用 DCMD 实验进行 240 h 的脱盐实验,结果表明由于膜表面结垢而导致膜的渗透通量由 47 kg/(m^2 · h)下降至 37 kg/(m^2 · h)。无机污染主要是因为料液侧的钙、镁、碳酸氢根等成分加热后在膜面沉积结垢。Franken 等研究表明料液侧高浓度的有机废水通过吸附在膜表面降低膜的疏水性而导致膜润湿现象。换句话说,有机物对膜蒸馏的污染可以理解为有机物质在膜表面的吸附行为。目前,Lv 等研究了两种胺类有机物在 PP 膜上的吸附行为对膜性能的影响,结果表明胺在膜表面的吸附会降低 PP 膜的疏水性(以静态水接触角来表示)。研究多集中在膜表面蛋白质的检测而忽略了渗透侧的有机质或电导率的测量,这些研究多强调膜表面的有机污染形成与否的判断,而有机污染导致膜孔润湿并没有被详细提出。大量关于膜蒸馏过程的有机污染实验被开展,这些研究结果表明有机污染多发生在膜表面。最近的两个实验表明,蒸馏膜的有机污染会导致渗透侧有机物浓度提高,即降低膜的截留率。两个实验均表明有机物种类影响膜的润湿速度。另外需要指出的是,蒸馏膜的渗透通量下降可能不是由膜润湿造成的。Guillen-Burrieza 等研究了 AGMD 装置对海水的处理,实验结果表明随着时间的推移,膜表面被润湿导致渗透侧电导率提高,但是并没有引起膜渗透通量的下降。该研究指出,只有膜润湿破坏了蒸馏膜的孔结构才会引起膜渗透通量的下降。

1.3.2.2 蒸馏膜的污染控制

对于蒸馏膜存在的无机和有机污染物,酸碱洗是清除膜表面污染物的有效方法。Srisurichan 等研究发现由腐殖酸污染的蒸馏膜经过去离子水清洗后,其渗透通量只能恢复至原来的87%。经过 NaOH 溶液清洗后,受到腐殖酸污染的蒸馏膜渗透通量能够完全恢复。腐殖酸虽然在膜表面沉积,但并没有引起膜孔堵塞。这可能是经过碱处理后,膜渗透通量能够完全恢复的原因。相对而言,膜孔污堵造成的膜污染,其渗透通量恢复则比较困难。Gryta 等指出盐酸清洗能够清除沉积在膜表面的 $CaCO_3$,但是 $CaSO_4$ 只能部分去除。研究表明,化学清洗可以使膜渗透通量很好地恢复,但是化学清洗可能会降低膜的疏水性。一般来说,在压力驱动的膜分离过程中,对原料水的预处理是一种减少污染的有效策略。预处理能够从原料中去除不利于膜蒸馏过程且能造成膜污染的化合物。预处理包括传统的预处理和基于膜技术的预处理。传统的预处理包括混凝、过滤、深层过滤和溶气浮选法,基于膜技术的预处理包括纳滤、超滤和微滤。预处理方式的选择要综合考虑原料液的性质和处理成本。需要指出的是蒸馏膜的无机污染通过预处理能够有效缓解,而对于难降解工业有机废水造成的蒸馏膜污染控制研究还不是很多。

1.3.3 蒸馏膜常用的制备技术、改性技术及表征方法

1.3.3.1 蒸馏膜的制备技术

1. 拉伸法

拉伸法适用于部分高分子膜材料的制备,并且被认为是一种经济型的膜制备方法。疏水高分子材料,如 PTFE 膜和 PP 膜可用该方法制备。高分子材料通常采用单向或双向拉伸的方法制备成膜。作用于高分子材料上的机械力会导致其断裂,从而在膜上形成孔径为 $0.1 \sim 0.3~\mu m$ 的多孔结构。诸多关于拉伸法制备疏水膜的研究,多侧重于改善膜孔径和提高孔隙率。然而,拉伸法对高分子膜表面的静态水接触角并没有影响,即拉伸法制膜不能改变膜材料的疏水性。拉伸法制备膜材料需要考虑拉伸模式(单轴或双轴)、拉伸速率、拉伸顺序、双轴模式的张力以及热处理。双轴拉伸中的平行拉伸(X 方向)、垂直拉伸(Y 方向)和拉伸方向的反转可能会造成严重的膜孔断裂。此外,在拉伸法制膜的过程中给予热处理可以稳定膜的多孔结构,确保制备出来的疏水多孔膜具有令人满意的尺寸和机械性能。但是,过高的温度会导致膜的热焓降低,从而降低膜的结晶度和强度。该方法能够很好地保持高分子材料的疏水特性,但是制得的膜具有孔隙率低和孔径小等缺点。

2. 相转换法

相转换法是一种常用的膜制备技术,可用来制备对称或不对称结构的膜。

很多市场上销售的膜都采用该技术制备。相转换法包括热致相分离法（TIPS）、非溶剂致相分离法（NIPS）和蒸发致相分离法（VIPS），可控的相转化有助于形成多孔结构的疏水膜。

热致相分离法是一种以半晶体聚合物为原料制备多孔膜的常用方法。将热塑性高分子（聚乙烯或聚丙烯）材料加热融化和液态晶体混合形成均质溶液。均质溶液在高温条件下被涂成薄膜状。当体系温度逐渐恢复至室温，液晶相变成小液珠而高分子材料形成固态膜结构，从而形成多孔结构膜。Ghasemet 等研究了 PVDF 质量浓度为 25% ~ 34% 的膜材料对 CO_2 的去除效果。质量浓度为 34% 的 PVDF 膜具有最高的静态水接触角（120°），且 LEP 为 220 kPa。增加 PVDF 的浓度会提高膜和致密层的厚度，进而引起膜传质阻力的提高，从而降低 CO_2 的分离效率。热致相分离法具有步骤简单、成膜强度高、膜孔大小可控等优点。冷却过程是影响膜结构的关键因素。当聚合物浓度为 30%，冷却速度控制在 10 ℃/min 时，膜表面会有球状结构的形成。球状结构可能会改变聚合物的机械强度，使膜变脆而不适合用于膜蒸馏过程。该方法具有能耗高并受温度限制的缺点，且仅适用于熔融温度低于分解温度的高分子材料成膜。有研究表明，热致相分离法制备的膜材料的孔径范围为 0.1 ~ 0.4 μm。

非溶剂致相分离法是将高分子涂膜液涂在合适的支撑层上，然后将湿膜转移至含有非溶剂的凝固浴中，在凝固浴中溶剂与非溶剂进行交换，添加剂同时进入非溶剂中而在膜材料中形成孔道，同时高分子材料完成固化成膜的过程。因为制备方法简单，非溶剂致相分离法被认为是最主要的工业不对称膜的制备方法。PVDF 在常见的有机溶剂中具有较好的溶解性，大部分 PVDF 膜均采用非溶剂致相分离法来制备。作为一种半晶态聚合物，PVDF 的相转换过程远比非晶态聚合物（聚砜和聚醚砜）复杂。许多研究者采用非溶剂致相分离法制备 PVDF 膜，这些研究主要考察不同的制备条件对膜结构和性能的影响。Sukitpaneenit 等通过相图分析法研究了 PVDF 膜制备过程中相转化的热力学变化。研究结果表明在 PVDF、NMP、非溶剂三相体系中热稳定性具有以下关系：水 < 甲醇 < 乙醇 < 异丙醇。

蒸发致相分离法是将高分子膜材料涂于承托层上，先将湿膜置于蒸气中一段时间，再将其浸入非溶剂中或一直将其置于高温的水蒸气中制备多孔结构膜的一项技术。在膜制备过程中，经过溶剂蒸发、非溶剂吸收、溶剂和非溶剂转换以及聚合物浓度逐渐增加而形成微孔膜结构。这种方法制得的膜也是不对称膜结构，并且膜表面会形成一层薄薄的致密层。Loeb 和

Sourirajan 采用该方法制备出不对称膜结构并用作 RO 膜,这层致密的结构使膜具有很高的盐截留率。蒸发致相分离法也可被用来制备具有低传质阻力和高疏水性的多孔 PVDF 膜。研究表明提高相对湿度和蒸发时间会提高膜的接触角和泡点空隙尺寸。蒸发致相分离法的湿度控制和蒸发时间对膜的结构影响很大。

1.3.3.2　蒸馏膜的改性技术

1. 共混改性法

在高分子涂膜液中共混疏水性的添加剂或疏水的高分子材料是一种提高膜疏水性的有效方法。异氰酸苯酯、大分子表面改性剂(SMM)和黏土复合纳米材料可以作为添加剂加入高分子涂膜液中。在高分子涂膜液中共混 SMM 可以使膜材料(超滤膜或微孔膜)表面形成疏水层。因为 SMM 会迁移至膜表面,从而提高改性膜的疏水性。异氰酸苯酯是另外一种可以提高膜疏水性的添加剂。在涂膜液中加入 4 mL 异氰酸苯酯,膜的疏水性能够被显著提高。黏土纳米复合材料也可以用来提高膜疏水性。在高分子涂膜液中混入质量分数为 8% 的黏土复合材料,最高可使膜材料接触角达到 154.2°,比原始膜静态水接触角提高了 25°。盐截留率从 98.27% 提高到 99.97%。在高分子涂膜液中加入纳米碳酸钙、氧化锌和二氧化钛等均可实现膜材料结构和性能的优化。研究表明纳米材料的添加可实现膜孔结构的优化,但过多的纳米材料会造成膜孔堵塞,从而降低膜孔径和孔隙率。因此,控制添加剂的量对于共混膜的结构具有重要意义。

2. 表面改性法

等离子体是一种常用的表面改性技术,包括膜表面与活性物质之间的物理化学作用。它是膜的一种后处理技术,该技术可以使膜具有特定的功能。等离子体改性过程包括膜表面电离气体的吸附和聚合作用。等离子体聚合是指单体在真空条件下在膜表面聚合形成薄而透明的涂层。等离子体处理技术可用来提高膜表面的亲水性。You 等采用等离子体改性技术,在聚丙烯酸的帮助下制备出具有 TiO_2 光催化涂层的超滤膜材料,TiO_2 涂层提高了超滤膜的亲水性和抗污染性能,并且该研究还用染料活性黑 5 考察了制备的具有 TiO_2 涂层的膜的光催化活性。等离子体改性技术具有方法简单、涂层牢固且致密和防污堵性能强等优点。但它需要额外的设备和适当的安全措施来处理有毒物质,并且对膜结构有一定的损伤。Sairiam 等将市售膜置于 NaOH 溶液进行活化,在膜表面生成羟基(-OH),然后嫁接强疏水性物质有机硅烷(FAS-C8),该方法可以提高膜的粗糙度,进而提高膜表面的静态水接触角,而不影响膜的强度,在 15 d 连续实验中表现出良好的稳定性。在蒸馏膜改性研究中多侧重于膜的疏水性研究,并且多使用成品膜进行相关实验,而关于蒸馏膜的光催化改性研究鲜有报道。

1.3.3.3 蒸馏膜的表征方法

蒸馏膜的表征是指利用近代物理方法对制备的蒸馏膜材料的微观结构进行检测。为蒸馏膜材料的制备、设计和开发提供更多的依据,从膜材料结构优化角度推动膜蒸馏技术的发展。这里简要介绍几种典型的表征技术:傅里叶变换红外光谱(FTIR)、X-射线衍射(XRD)、差示扫描量热法(DSC)、扫描电子显微镜(SEM)、原子力学显微镜(AFM)、静态水接触角、毛细管流动孔径分析(平均孔径和孔径分布)和孔隙率。

1. 膜材料的结晶度分析

傅里叶变换红外光谱(FTIR)是基于对干涉后的红外光进行傅里叶变换的原理而开发出来的,它可以获取蒸馏膜高分子化合物样品的化学键或官能团信息,从而对样品进行定性和半定量分析。蒸馏膜是由原子以特定方式组合在一起的。每一个官能团的特征振动都会表现在膜样品的红外图谱中。当红外光透过膜样品时,FTIR 光谱能够反映出红外光的分子吸收和透射光谱。特定波长的分子吸收和透射会形成特定的 FTIR 光谱,这也可以被称作分子指纹。这些分子指纹可以用来鉴定蒸馏膜材料,判定制备的膜材料的质量。膜材料的结晶相也可以由 FTIR 图谱读出,在波数为 842 cm^{-1} 和 1 274 cm^{-1} 出现的特征峰被认为是 PVDF 的 β 晶相。在波数为 812 cm^{-1},833 cm^{-1} 和 1 117 cm^{-1} 出现的特征峰则被认为是 PVDF 的 γ 晶相,而在波数为 764 cm^{-1}、795 cm^{-1}、975 cm^{-1}、1 150 cm^{-1} 和 1 210 cm^{-1} 的特征峰则属于 PVDF 的 α 晶相。

X-射线衍射(XRD)可以用来表征蒸馏膜材料的晶态和无定型结构。XRD 是材料中原子对 X 射线的散射而产生的散射波互相干涉而产生的衍射现象,分析衍射现象可获得膜材料的成分或晶体型态。Zhang 等的研究结果表明 PVDF 浓度会影响膜的结晶度。当 PVDF 浓度由 20% 降低至 15% 时,在 $2\theta = 19.9°$ 位置的特征峰逐渐变弱,当 PVDF 浓度继续降低到 10% 时,该晶面则几乎消失。Li 等通过 XRD 结果研究了 PVDF 膜的晶型,研究发现在 XRD 图谱中 $2\theta = 20.4°$ 的特征峰为 PVDF 的 β 晶型的(200)晶面,在 2θ 分别为 18.1°、19.73° 和 26.7° 位置出现的特征峰则对应着 α 晶型(100)、(110)和(021)晶面。根据 XRD 峰面积可以计算高分子材料的结晶度。但研究同时表明通过 XRD 计算得到的结晶度比差示扫描量热法计算的要低。

差示扫描量热法(DSC)可以用来测定 PVDF 膜材料的熔融温度和结晶度。结晶度和熔融温度的关系一直存在争议,一些研究表明 α 晶型的 PVDF 熔融温度小于 140°,而 β 晶型的 PVDF 熔融温度在 167°左右。导致这些差异的主要原因有以下几点:①高分子的聚合条件;②在 DSC 测试过程中样品的加热速率;③形态学变化(膜厚、晶体的结晶度)。此外,有研究表明决定膜熔融温度的是结晶度而不是晶体形态。样品的结晶度(X_c)可由式(1-22)估算:

$$X_c = \frac{\Delta H/W}{\Delta H^*} \times 100\% \qquad (1-22)$$

式中:ΔH 为熔融焓/结晶焓;W 为高分子材料的质量分数;ΔH^* 为 PVDF 完全结晶样品的熔融焓,取 104.7 J/g。

2. 膜材料的形态学分析

扫描电子显微镜(SEM)被用来表征膜材料的表面微观形态学。SEM 图片可用来评估膜表面的孔隙度、孔径和孔径分布。在真空条件下,高速电子束在样品表面发生吸收或散射形成图像信息,进而得到样品表面微观结构的放大图像。提高膜表面导电性且将样品置于真空度为 $10^{-6} \sim 10^{-5}$ Torr❶ 的真空环境中,可以有效避免电子束在样品表面聚集。电子束在膜表面聚集会导致 SEM 图片模糊不清。对于绝缘的膜样品来说,可以在膜表面涂覆一层导电材料(如碳、金或合金等)来提高其导电性,但是这可能会对膜的孔结构造成一定的破坏。

原子力学显微镜(AFM)是一款可以研究包括绝缘体在内的物体表面结构的表征手段。在测试前,样品不需要任何特殊处理,即可得到真正的三维表面形态图以及粗糙度等信息。粗糙度是影响膜表面接触角的一个关键因素,而接触角可以用来评估膜的疏水性。粗糙度是一个统计学意义上的指标,样品的粗糙度可通过两种方式来分析:波的振幅和表面波长。一个正弦模型可以被用作简化模型来表征膜表面轮廓和膜表面粗糙度。关于膜材料表面的粗糙度信息,平均粗糙度(R_a)、均方粗糙度(R_q)和最大粗糙度(R_{max})均可由 AFM 数据导入计算机处理得到。R_a 由整个测量区域来进行计算,并被用来描述膜表面的粗糙度。R_a 可由式(1-23)估算:

$$R_a = \frac{1}{L} \int_0^L |zx| \, \mathrm{d}x \qquad (1-23)$$

式中:L 为评估长度;z 为轮廓高度;x 为测量范围内的距离。

---

❶ Torr(托尔)为大气压单位,1 Torr = 133 Pa。

$$R_a = \frac{1}{n} \sum_{i=1}^{n} |z_i - \bar{z}| \tag{1-24}$$

当有许多点数据(n)时,式(1-24)可以被用来估算R_a,$\bar{z}$为表面轮廓的平均高度,R_a随着R_q的增加而增加。

粗糙度参数因具有统计学意义而被发展并用来评价膜表面的平整度。交流电压可用来测量R_q。R_q代表着测量区域表面轮廓高度的标准偏差,R_q可由式(1-25)估算:

$$R_q = \sqrt{\frac{1}{L}\int_0^L z^2 x \mathrm{d}x} \tag{1-25}$$

3. 膜材料的孔隙率和接触角

孔隙率是影响蒸馏膜性能的重要因素。孔隙率是膜孔体积与膜总体积的比值。差重法可用来分析膜材料地孔隙率。蒸馏膜为疏水膜,不易被水浸润,而正辛醇可以很好地浸润膜孔。因此,正辛醇被用来作为疏水膜的浸润液。膜的孔隙率(ε)可由式(1-26)进行估算:

$$\varepsilon = \frac{V_p}{V_t} = \frac{\dfrac{m_2 - m_1}{\rho}}{Al} = \frac{m_2 - m_1}{\rho Al} \tag{1-26}$$

式中:V_p为膜孔所占的体积,mL;V_t为膜的总体积,mL;m_2、m_1分别代表湿膜质量和干膜质量,g;ρ为正辛醇的密度,取1.78 g/mL;A为膜的面积,cm^2;l为膜的厚度,cm。

静态水接触角通常用来反映膜的疏水性能,即膜表面的抗润湿能力。静态水接触角可通过接触角测试仪分析。表面抗润湿能力受膜材料表面能、表面粗糙度和液体表面张力γ_L的影响。

正如托马斯·杨理论中描述的那样,膜表面能反映的是表面黏聚力和附着力之间的关系。小液滴滴落在膜表面,由于这些力的存在,液滴会在界面发生扩散,直到在固、液、气三个界面达到平衡,如图1-4所示。

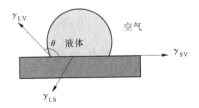

图1-4 液滴在固体表面接触角图示

在图 1-4 中,三相界面图可以用来解释作用力之间的关系。γ_{SV} 代表固体、气体表面张力;γ_{LV} 代表液体/气体表面张力;γ_{LS} 代表液体、固体表面张力;θ 代表接触角。固、液、气之间的表面张力的关系可由式(1-27)估算:

$$\gamma_{SV} = \gamma_{LS} + \gamma_{LV}\cos\theta \tag{1-27}$$

接触角可由仪器测得,并用来对膜表面进行分类。当接触角小于 75° 时,这样的膜被定义为亲水膜。由于膜的表面能很大,水会在膜表面扩散。当膜接触角大于 90° 时,较低的表面能或者较强的疏水性可使水滴在膜表面以球状存在。超疏水材料可以提高膜的疏水性,超疏水膜表面的接触角可以达到 150°。表 1-4 给出了几种常用的高分子膜制备材料的静态水接触角。

表 1-4　几种常用的高分子膜制备材料的静态水接触角(20 ℃)

高分子材料	静态水接触角/(°)
PTFE	114
PVDF	85
PP	95

4. 膜材料的孔径分布和平均孔径

蒸馏膜为多孔微孔膜结构,文献报道的平均孔径和孔径分布的评价方法也有很多,包括 SEM、AFM、干-湿流动法和气体渗透测试。有研究表明:用平均孔径和孔径分布估算得到的渗透通量是不同的,而 Martinez 等的研究结果表明这两种估算方法得到的结果是一致的。值得注意的是,机械力、化学作用、温度变化和膜污堵均会使膜孔径发生改变,进而影响膜渗透通量。因此,仅通过膜自身的结构参数来推断膜渗透通量是不准确的。毛细管流动孔径分布仪是基于气液置换的方法来获取膜的孔隙参数,并通过计算机保存的压力等数据由式(1-28)来估算膜的孔径参数。

$$D = 4\gamma\cos\frac{\theta}{p} \tag{1-28}$$

式中:D 为孔隙直径;γ 为液体表面张力;θ 为接触角;p 为压差。

1.3.4　计算流体力学(CFD)技术在膜蒸馏过程中的应用

传统的模型虽然可以分析膜蒸馏的传质和传热过程,但是需要借助复杂的数学模型。这样的模型依赖于特定的蒸馏模块和流态,而不具有预测功能。CFD 是基于计算机而进行的数值模拟技术,可用来对流体流动和传热过程进行分析。通过 CFD 模拟可以在短时间内实现流场中传质和传热的预测,解决复杂的流体力学问题。CFD 对流体的模拟是基于连续性方程和 Navier-Stokes 方程,利用计算机进行迭代运算求解的过程。CFD 分析可以克服实验分析和理论分析的某些缺点,具有方法简单、成本较低、节省时间和获得流体数据较容易等优点,是研究流体问题的手段之一。基于数值模拟的 CFD 流体力学软件 Fluent 6.3 可以对复杂的动力学、传质和传热过程进行模拟,可以替代繁杂的数学模型,简化传质动力学和传热动力学研究模型。CFD 模拟使人们对膜蒸馏过程有更深入的认识,简化了膜蒸馏过程的传质现象和传热问题的研究方法,对推进膜蒸馏模块的优化设计具有重大意义。

Shakaib 等模拟研究了直接接触式膜蒸馏过程中水动力条件,如导流网的位置和进水流速等对剪切力分布和温度极化的影响。在他们的研究中,导流网分布在水流通道内。研究结果表明:当导流网直接和膜表面接触,流体在膜表面会形成回流和滞留。回流的存在对膜蒸馏过程是有益的,因为回流可以削弱温度极化现象,滞留则会加大温度极化而不利于膜蒸馏过程。另一方面,当导流网不和膜接触,经过膜表面的高速流体会提高膜面剪切力从而提高传热速率并降低温度极化。

Shirazi 等和 He 等模拟研究了操作条件对直接接触式膜蒸馏渗透通量的影响。研究结果表明料液的流速对膜渗透通量的影响大于冷侧流体。这个结果和 Shakaib 等的实验结果一致。Yu 等模拟研究了有无挡板对直接接触式膜蒸馏过程传质和传热过程的影响。研究表明不管有没有挡板,温度极化系数均随着传质系数的提高而降低。并且温度极化系数随着料液的温度升高而降低。该研究指出在提高膜通量上,提高料液温度的作用比增加挡板明显得多。对比 Shakaib 等和 Yu 等的研究结果可知,导流网的作用要高于挡板的作用。但是有研究指出导流网的存在会造成生物淤积和微生物的生长,从而降低膜的渗透通量。

1.4 本研究课题的提出

1.4.1 课题的提出及研究意义

膜蒸馏技术是工业废水处理的一种新兴技术,具有极大的开发前景和应用价值。膜蒸馏技术虽然已经开发了 60 年,但依然停留于研究发展阶段,且不能在海水脱盐和废水处理方面进行工业应用。膜蒸馏技术的工业应用面临的主要问题是缺乏合适的膜材料和膜蒸馏模块,具体表现在膜渗透通量低、稳定性差、热利用率低等方面。因此,研究开发高通量、可消除浓度极化现象的新型自清洁蒸馏膜,从蒸馏模块设计和优化角度提高其热利用率成为国内外关注的前沿课题。

膜蒸馏技术还存在以下问题:

(1)PVDF 是一种常用的疏水高分子材料,且具有较高的热稳定性、化学稳定性、抗紫外线辐射性能和易于加工等特性。

(2)纳米材料可优化疏水膜微观孔结构。

(3)纳米光催化剂对有机废水具有很好的降解作用。

(4)数学理论模型对膜蒸馏过程动力学研究过于烦琐且缺乏预测功能。

(5)膜蒸馏模块的设计优化耗时长、成本高。

本书拟采用:非溶剂致相分离法制备出高渗透通量蒸馏膜和双层涂覆技术制备出具备光催化特性的自清洁蒸馏膜,通过对海水脱盐、广谱抗生素 CIP 和染料 RhB 的处理效果,评价制备的疏水膜的基本性能和自清洁性能;系统研究制备的疏水膜的晶型、形貌、孔隙率、疏水性和孔径分布等特性,为新型疏水膜材料的制备和在难降解有机废水中的应用提供理论依据。提出采用 CFD 流体软件模拟与实验相结合的方式,确定制备的 PVDF 蒸馏膜的传质系数,为研究膜蒸馏的传质动力学过程提供支撑。通过 Fluent 6.3 数值模拟技术实现膜蒸馏模块的设计与优化。本书研究对新型疏水膜材料的开发、膜蒸馏动力学,膜蒸馏模块的设计优化、难降解有机工业废水的处理,膜蒸馏技术的工业发展应用具有重大意义。

1.4.2　研究内容和方法

1.4.2.1　研究方法

本书从 PVDF 蒸馏膜的改性制备及膜蒸馏装置优化入手,主要研究方法如下:

(1)拟采用共混纳米材料改性法和双层涂覆技术制备出平板蒸馏膜;利用现代表征技术对蒸馏膜的形貌、结晶、粗糙度、孔径、孔径分布和疏水性等特性进行表征;通过对质量浓度 35 g/L 的 NaCl 水溶液脱盐处理(DCMD),评价蒸馏膜的蒸馏特性;通过对工业模拟废水的去除实验,评价膜蒸馏对该类废水的处理特性及可行性;通过对工业模拟废水的光催化实验,评价光催化蒸馏膜的光催化特性;通过对工业废水光催化膜蒸馏实验,研究光催化蒸馏膜在膜蒸馏过程中抗污染性能的机制。

（2）拟采用 CFD 数值模拟技术构建膜蒸馏装置模型，通过 Fluent 6.3 对膜蒸馏过程的模拟，提出膜蒸馏传质系数确定方法和模块优化方案。

1.4.2.2　研究内容

（1）制备出共混型平板疏水膜材料，Bi_2WO_6 - PVDF 平板蒸馏膜、CNTs-PVDF 平板蒸馏膜和 RGO-PVDF 平板蒸馏膜。分别研究不同纳米材料共混量对质量浓度 35 g/L 的水溶液的膜蒸馏特性，研究蒸馏膜的形貌、结晶、粗糙度、孔径、孔径分布、孔隙率和疏水性等微观结构与蒸馏膜特性的关系。筛选出最佳的蒸馏膜的配方和制备工艺，并用于自清洁蒸馏膜改性研究。

（2）以优选的共混 RGO-PVDF 和 CNTs-PVDF 为底膜配方，将 TiO_2 和 RGO/Bi_2WO_6 作为光催化涂层，采用双层涂覆技术制备出自清洁蒸馏膜，分别用于对 NaCl、RhB 和 CIP 的处理过程，利用 SEM、XRD、FTIR、DSC、AFM、毛细管流动孔径分析仪和接触角测试仪等表征手段，研究自清洁蒸馏膜微观结构和蒸馏、光催化及自清洁特性的关系，揭示光催化蒸馏膜抗污染机制。

（3）在纯水体系中考察不同温度及流速对膜蒸馏过程的影响；构建 CFD 模拟与实验相结合的方式分析确定蒸馏膜的传质系数；构建膜蒸馏模块的二维模型，在纯水体系下考察不同蒸馏模块对膜蒸馏过程的温度极化系数的影响，并对结果进行讨论分析，从数值模拟的角度提出膜蒸馏模块的优化方案。

1.4.3　创新点

（1）针对蒸馏膜成本高、渗透通量低的问题，成功制备出共混型 Bi_2WO_6-PVDF、CNTs-PVDF 和 RGO-PVDF 平板疏水膜，为膜蒸馏处理工艺提供高通量的 PVDF 蒸馏膜材料。

（2）鉴于膜蒸馏过程中存在的有机污染和浓度极化问题，采用双层涂覆技术，分别成功制备出 TiO_2 基和 RGO/Bi_2WO_6 基光催化自清洁蒸馏膜，并将其应用于印染废水（罗丹明 B）和抗生素废水（环丙沙星盐酸盐）的处理，揭示自清洁蒸馏膜原位净化作用机制。

（3）鉴于膜蒸馏过程热利用率低，而蒸馏模块优化耗时长、成本高等问题，采用 Fluent 6.3 仿真模拟技术从温度极化系数角度为膜蒸馏模块优化提出建议。

1.4.4　技术路线

膜蒸馏技术的研究技术路线如图 1-5 所示。

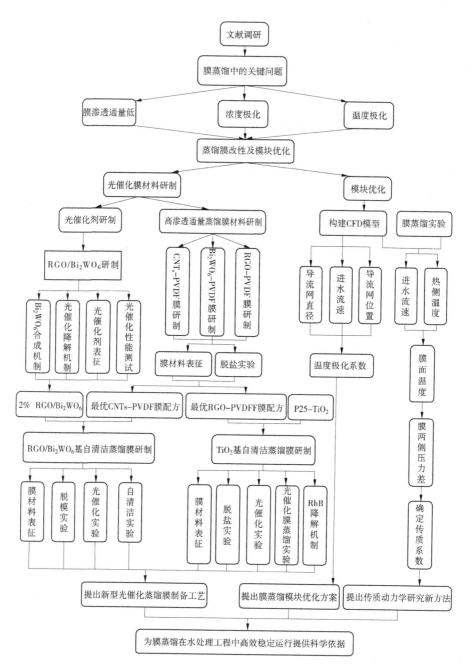

图 1-5 技术路线

第 2 章　PVDF 蒸馏膜的共混改性及其性能研究

全球范围内的水资源短缺和人类对水资源日益增长的需求已经成为世界性难题。地球上只有极少的淡水资源可供人类直接利用,而海水的比例高达 97%。工业技术的快速发展带来的水污染加重了水资源短缺问题。因此,可以从两个方面着手缓解水资源短缺问题:①开展海水脱盐淡化技术;②开展工业废水处理工艺。

膜蒸馏技术在海水淡化和工业废水处理中展现出了良好的应用前景。PVDF 具有良好的热稳定性、化学稳定性且易于加工,引起众多科学工作者的关注。研究表明适量的 Al_2O_3、SiO_2、$CaCO_3$、ZnO 和 TiO_2 等纳米材料可以优化膜孔结构,提高膜结晶度,从而提高膜的渗透通量以及盐截留率。也有研究者将疏水性 RGO 和多壁碳纳米管用于成品膜的改性,改性膜的疏水性得到了一定的提高。三维花状 Bi_2WO_6 具有多孔结构,CNTs 和 RGO 均具有疏水性,适用于蒸馏膜的改性。但是,以 PET 为承托层,分别用花状多孔 Bi_2WO_6、管状 CNTs 和 GO 作为纳米添加剂,采用 NIPS 法制备共混疏水平板 Bi_2WO_6-PVDF 膜、CNTs-PVDF 膜和 RGO-PVDF 膜鲜有报道。本章拟从蒸馏膜改性制备角度入手,为膜蒸馏技术的应用提供高渗透通量疏水膜材料的制备工艺。

本章研究中,选用 PVDF 粉末为主体,以 PET 为承托层,以 LiCl 为无机添加剂,以 DMAc 为有机溶剂,以水作为非溶剂,分别以花状 Bi_2WO_6、CNTs 和 GO 作为纳米添加剂,采用 NIPS 法制备出了共混型花状 Bi_2WO_6-PVDF 膜、CNTs-PVDF 膜和 RGO-PVDF 膜。采用现代表征技术对其形貌、结晶、孔结构、疏水性和粗糙度等微观结构进行表征。采用自制的直接接触式膜蒸馏装置,考察制备的共混膜材料在质量浓度为 35 g/L 的 NaCl 水溶液的脱盐实验,从而筛选出最优的疏水平板微孔膜制备配方和工艺,并简单考察膜蒸馏工艺参数,如进水流速和料液侧温度对膜渗透通量的影响。为后续蒸馏膜光催化改性及在工业废水处理中的应用提供技术支撑。

2.1　实验材料与方法

2.1.1　实验试剂与仪器

2.1.1.1　实验试剂

实验中用到的主要实验试剂如表 2-1 所示。

表 2-1　实验中用到的主要试剂

试剂名称	规格	生产厂家
五水合硝酸铋 [$Bi(NO_3)_3 \cdot 5H_2O$]	分析纯	天津化学试剂厂
二水合钨酸钠 ($Na_2WO_4 \cdot 2H_2O$)	分析纯	天津化学试剂厂
冰醋酸 (CH_3CH_2COOH)	分析纯	上海化学试剂厂
石墨粉	化学纯	中国国药化学试剂有限公司
浓盐酸 (HCl)	分析纯	上海化学试剂厂
水合肼 ($N_2H_4 \cdot H_2O$)	分析纯	中国国药化学试剂有限公司
双氧水 (H_2O_2)	分析纯	上海化学试剂厂
浓硫酸 (H_2SO_4)	分析纯	中国国药化学试剂有限公司
高锰酸钾 ($KMnO_4$)	分析纯	中国国药化学试剂有限公司
浓硝酸 (HNO_3)	分析纯	上海化学试剂厂
无水乙醇 (CH_3CH_2OH)	分析纯	中国国药化学试剂有限公司
聚偏氟乙烯 (PVDF)	分析纯	上海三爱富新材料股份有限公司
无纺布 (PET)	—	上海天略纺织新材料有限公司
N,N-二甲基乙酰胺 (DMAc)	分析纯	中国国药化学试剂有限公司
氯化锂 (LiCl)	分析纯	上海化学试剂厂
氯化钠 (NaCl)	分析纯	上海化学试剂厂

续表 2-1

试剂名称	规格	生产厂家
环丙沙星盐酸盐（CIP）	分析纯	上海化学试剂厂
正辛醇（$C_8H_{18}O$）	分析纯	中国国药化学试剂有限公司
多壁碳纳米管（CNTs）	——	深圳碳纳米港有限公司
PVDF 商品膜（CP）	0.45 μm	海宁郭店桃园膜分离设备厂
PVDF 进口膜（MB）	0.22 μm	迈博瑞生物膜技术有限公司

2.1.1.2　实验仪器

实验中用到的主要仪器如表 2-2 所示。

表 2-2　实验中用到的主要仪器

仪器名称	型号	生产厂家
聚四氟乙烯反应釜	100 mL	西安常仪仪器设备有限公司
低温恒温水浴槽	XODC-0506	南京先欧仪器制造有限公司
蠕动泵	BT300S	南京卓恒科学仪器有限公司
电子分析天平	FA1004	上海舜宇恒平科学仪器有限公司
机械搅拌器	JBH-100	常州普天仪器制造有限公司
磁力搅拌器	85-2	上海司乐仪器厂
pH 计	PHS-3C	上海雷磁仪器厂
自动涂膜机	AFA-Ⅱ	天津市精科联材料实验机有限公司
可调式涂膜器	KTQ-Ⅱ	上海普申化工机械有限公司
电热恒温干燥箱	DHG-9140A	上海精宏实验设备有限公司
超声仪	KQ-100V	昆山市超声仪器有限公司
数显控温水浴锅	HH-2	江苏省金坛市友联仪器研究所

续表 2-2

仪器名称	型号	生产厂家
电子天平秤	3 000 g/0.1 g	上海友声衡器有限公司
离心机	SC-3610	中科中佳科学仪器有限公司
真空恒温干燥箱	DZF-60220A	上海力辰科技有限公司
紫外可见分光光度计	UV1600	上海美谱达仪器有限公司
扫描电子显微镜	JSM-6390LV	日本电子
X 射线衍射仪	D8	德国 BRUKER 公司
傅里叶红外光谱仪	SPECTRUM 400	铂金埃尔默
原子力学显微镜	ICON2-SYS	德国 BRUKER 公司
毛细管流动孔径分析仪	porometer porolux 1000	德国 IB-FT 公司
差示扫描量热仪	Q100	美国 TA 仪器公司
接触角测定仪	JC2000D2	北京中仪远大科技有限公司
膜蒸馏模块	—	自制

2.1.1.3 废水水质

模拟海水:以分析纯 NaCl 和去离子水配制质量浓度为 35 g/L 的 NaCl 水溶液,文献报道质量浓度为 35 g/L NaCl 水溶液的电导率与海水接近。

2.1.2 共混 PVDF 平板膜的制备

2.1.2.1 Bi_2WO_6-PVDF 平板膜的制备

1. Bi_2WO_6 的制备

取 0.97 g 五水合硝酸铋溶于 10 mL 冰醋酸中,磁力搅拌 10 min 至完全溶解,记作溶液 A。将 0.33 g 二水合钨酸钠溶于 50 mL 去离子水中,磁力搅拌 10 min,记作溶液 B。将溶液 B 转入溶液 A 中,磁力搅拌 20 min,然后转入 100 mL 反应釜。将反应釜置于烘箱中 180 ℃保持 3 h。待其冷却至室温,收集白色滤渣过滤、洗涤、60 ℃干燥 4 h,可得钨酸铋备用。

2. Bi_2WO_6-PVDF 平板膜的制备

将 PVDF 粉末置于真空干燥箱中 100 ℃ 干燥 10 h 以去除其水分。将质量分数为 12% 的 PVDF、5% 的 LiCl、2% 的去离子水和一定质量的 Bi_2WO_6 溶于 N,N-二甲基乙酰胺溶液中,60 ℃ 机械搅拌 48 h。后将其置于 60 ℃ 干燥箱中进行 12 h 脱气处理。Bi_2WO_6-PVDF 平板膜涂膜液中各成分的比例如表 2-3 所示。室温条件下,用 300 nm 的可调式涂膜器以 20 mm/s 的速度将脱气后的涂膜液均匀地涂覆在无纺布上。将湿膜迅速浸入无水乙醇中 5 s,然后将其浸入水中保存 48 h 以使膜完成相转换过程并置换出膜中存在的溶剂和添加剂。从水中取出膜室温干燥 24 h,即得 Bi_2WO_6-PVDF 平板膜。

表 2-3　Bi_2WO_6-PVDF 平板膜涂膜液中各成分的比例

膜编号	Bi_2WO_6-PVDF/ wt%	Bi_2WO_6/ wt%	PVDF/ wt%	LiCl / wt%	H_2O/ wt%	DMAc/ wt%
B-0	0	0	12.00	5.00	2.00	81.00
B-1	0.1	0.01	12.00	5.00	2.00	80.99
B-2	0.5	0.06	12.00	5.00	2.00	80.94
B-3	1.0	0.12	12.00	5.00	2.00	80.88
B-4	3.0	0.36	12.00	5.00	2.00	80.64
B-5	5.0	0.60	12.00	5.00	2.00	80.40

注:wt% 为质量百分数。

2.1.2.2　CNTs-PVDF 平板膜的制备

CNTs-PVDF 平板膜与 Bi_2WO_6-PVDF 平板膜的制备方法类似,只是将 Bi_2WO_6 换为不同质量分数的 CNTs,CNTs-PVDF 平板膜涂膜液中各成分的比例如表 2-4 所示。

表 2-4　CNTs-PVDF 平板膜涂膜液中各成分的比例

膜编号	CNTs-PVDF/ wt‰	CNTs/ wt%	PVDF/ wt%	LiCl/ wt%	H_2O/ wt%	DMAc/ wt%
C-0	0	0	12.00	5.00	2.00	81.00
C-1	1.25	0.015	12.00	5.00	2.00	80.99

续表 2-4

膜编号	CNTs-PVDF/ wt‰	CNTs/ wt%	PVDF/ wt%	LiCl/ wt%	H₂O/ wt%	DMAc/ wt%
C-2	2.5	0.03	12.00	5.00	2.00	80.99
C-3	5.0	0.06	12.00	5.00	2.00	80.99
C-4	7.5	0.09	12.00	5.00	2.00	80.99
C-5	10.0	0.12	12.00	5.00	2.00	80.99

2.1.2.3 RGO-PVDF 平板膜的制备

1. GO 的制备

GO 是以天然石墨粉采用改进的 Hummer 法制备的,具体方法为:将 46 mL 浓硫酸置于冷水浴(0 ℃)中,在磁力搅拌(10 min)条件下缓慢加入 2 g 干燥的石墨粉,然后加入 6 g 高锰酸钾(搅拌 1 h),将水浴温度设为 30 ℃继续搅拌 1 h,将水浴温度改为 96 ℃,并逐滴加入 96 mL 去离子水继续搅拌 0.5 h。最后分别加入 20 mL 的 H_2O_2 和 280 mL 去离子水终止反应。高速离心,取滤渣,并对滤渣进行多次酸洗和水洗。按湿重称取一定质量的氧化石墨烯配成 12 g/L 的溶液,并置于超声波中剥离 4 h,低速离心 10 min,取上清液置于冰箱中备用。

2. RGO-PVDF 平板膜的制备

制备方法跟 Bi_2WO_6-PVDF 平板膜的制备方法类似,只是将 Bi_2WO_6 换为 0.2% 的水合肼,且将 2% 的去离子水换为不同质量浓度的氧化石墨烯水溶液。RGO-PVDF 平板膜涂膜液中各成分的比例如表 2-5 所示。

表 2-5 RGO-PVDF 平板膜涂膜液中各成分的比例

膜编号	GO 浓度/ (g/L)	水合肼/ wt%	PVDF/ wt%	LiCl/ wt%	GO 溶液/ wt%	DMAc/ wt%
R-0	0	0.2	12.00	5.00	2.00	80.80
R-1	1.5	0.2	12.00	5.00	2.00	80.80

续表 2-5

膜编号	GO 浓度/ (g/L)	水合肼/ wt%	PVDF/ wt%	LiCl/ wt%	GO 溶液/ wt%	DMAc/ wt%
R-2	3.0	0.2	12.00	5.00	2.00	80.80
R-3	6.0	0.2	12.00	5.00	2.00	80.80
R-4	9.0	0.2	12.00	5.00	2.00	80.80
R-5	12.0	0.2	12.00	5.00	2.00	80.80

2.1.3　共混 PVDF 平板膜的表征方法

2.1.3.1　扫描电子显微镜(SEM)

制备的纳米材料和 PVDF 平板膜的微观形貌是由一台型号为 JSM-6390 LV 的扫描电子显微镜来测试。干燥的样品进行喷金处理后直接用来进行 SEM 表征,测试电压为 25 kV。

2.1.3.2　X-射线衍射分析(XRD)

制备的纳米材料和 PVDF 平板膜的晶型由一台型号为 Bruker-D8-AXS 的 X-射线衍射仪分析,X 射线的衍射源为 $\lambda = 0.154\ 06$ Å 的 Cu 的 Ka 射线,以 $0.02°/0.4$ s 的扫描速度分别记录 $5° \sim 80°$ 或 $5° \sim 70°$ 的波谱数据。

2.1.3.3　傅里叶红外光谱(FTIR)

制备的纳米材料的化学结构及官能团信息由傅里叶红外光谱仪测量,纳米材料测试须用 KBr 作为参比。制备的 PVDF 平板膜的化学结构,官能团信息、晶型等则通过配有 ATR 模块的傅里叶红外光谱仪直接测量。

2.1.3.4　平均孔径和孔径分布

制备的平板 PVDF 膜的平均孔径和孔径分布则由一台毛细管流动孔径分析仪采用气液置换的方法测量。

2.1.3.5　孔隙率测定

制备的平板 PVDF 膜的孔隙率则通过差重法来估算,每个样品测试 3 次求平均值。具体方法为测量膜的长、宽,并估算膜的面积 A,用测微尺测量膜厚度 l,称量干燥膜的质量记为 m_1,将干燥的膜材料浸入正辛醇中,超声振荡

2 h,然后将膜取出,用滤纸吸干膜表面的正辛醇,迅速称量湿膜的质量,记为 m_2,孔隙率的估算方程见式(1-26)。

2.1.3.6 接触角测试

膜表面的静态水接触角由一台接触角测定仪测定,一滴约为 0.5 μL 的去离子水在固定高度滴落在干燥膜表面,并由一台光学仪器记录整个过程。后处理软件被用来估算膜表面静态水接触角,每张膜测量 5 次求平均值以此衡量制得的平板膜材料的疏水性。

2.1.3.7 原子力学显微镜(AFM)

制备的 PVDF 平板膜材料的表面三维形貌及粗糙度等信息由一台型号为 ICON2-SYS 的原子力学显微镜进行测定,样品测试类型为轻敲模式,测试范围为 10 μm×10 μm。

2.1.3.8 差热分析(DSC)

差热分析(DSC)被用来研究制得的膜材料的热性能。其测试范围为 80~250 ℃,升/降温速率为 10 ℃/min。膜材料的结晶度可由式(1-22)估算。

2.1.4 共混 PVDF 平板膜的蒸馏性能测试

2.1.4.1 膜性能测试装置

制备的蒸馏膜性能测试采用实验室自己搭建的 DCMD 实验装置,该装置主要分为 3 个部分:①膜蒸馏模块。如图 2-1(a)所示,该装置主要由两块有机玻璃板(配有密封圈)和一张多孔疏水膜构成,平板膜将其分为冷水侧和热水侧两部分,有效膜面积为 10 cm×5 cm。②水动力循环系统。冷、热侧各配有一台蠕动泵,保证膜两侧的水流以恒定的速度循环流动,由一台数显恒温水浴槽(水浴锅)保证模块热水进水温度恒定,由于料液侧水蒸气通过膜孔进入冷侧,将会导致料液侧体积减小,因此在料液侧配备有自动补水装置,该装置由带有液位控制器的进水泵控制。冷水侧经低温恒温水浴槽使模块进水温度恒定,冷水侧因透过膜孔的水蒸气液化导致质量增加。③馏出侧测试系统。通过电子天平实时测量、采集馏出侧水收集装置的质量变化并通过电脑保存实验数据,在脱盐实验中可通过工业在线电导率仪实时采集馏出侧电导率变化并保存在电脑中。DCMD 膜蒸馏装置如图 2-1(b)所示。

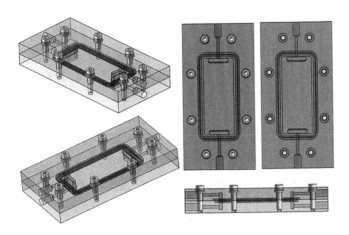

(a)膜蒸馏模块

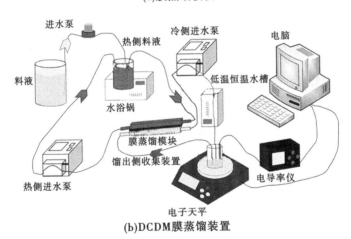

(b)DCDM膜蒸馏装置

图 2-1　膜蒸馏模块和 DCDM 膜蒸馏装置

2.1.4.2　膜蒸馏性能评价方法

在进行膜渗透通量测试时,蠕动泵转速设为 50 r/min,流量约为 5.4 L/h,膜两侧错流速度为 0.032 88 m/s,冷、热侧进水温度分别为 20 ℃、60 ℃,实时记录馏出侧质量的变化,采用式(2-1)来估算所制备平板 PVDF 膜的渗透通量。

$$J = \frac{\Delta m}{A \cdot \Delta t} \tag{2-1}$$

式中：J 为膜的渗透通量，kg/(m² · h)；Δm 为一定时间水的质量差，kg；A 为平板膜的有效面积，m²；Δt 为时间间隔，h。

　　NaCl 的浓度可由工业在线电导率仪测试溶液的电导率获得。35 g/L 的 NaCl 水溶液的电导率为 58.21 mS/cm，取质量浓度为 35 g/L 的 NaCl 水溶液 1 mL 稀释于 50 mL 的容量瓶中待用。分别取 0.3 mL、1 mL、3 mL、7 mL 和 15 mL 并将其稀释至 100 mL，采用工业在线电导率仪测量其电导率，得出电导率和浓度的关系，并绘制电导率和浓度的关系曲线，如图 2-2 所示。NaCl 水溶液的标准曲线方程为 $y = 1.99754x + 0.10275$，$R^2 = 0.99992$。

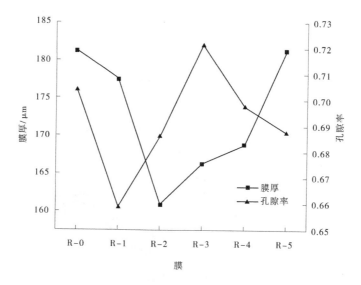

图 2-2　NaCl 水溶液的标准曲线

　　平板膜的脱盐率（R_{NaCl}）则由式（2-2）估算：

$$R_{\text{NaCl}} = \frac{C_{f,\text{NaCl}} - C_{p,\text{NaCl}}}{C_{f,\text{NaCl}}} \times 100\% \tag{2-2}$$

式中：$C_{f,\text{NaCl}}$ 和 $C_{p,\text{NaCl}}$ 为热、冷侧溶液的电导率，μS/cm。

2.2　结果与讨论

2.2.1　共混 Bi$_2$WO$_6$-PVDF 平板膜的表征及性能测试

2.2.1.1　制备的 Bi$_2$WO$_6$ 纳米材料的结构(SEM、XRD 和 FTIR)

采用水热法自制了 Bi$_2$WO$_6$ 纳米材料,并对其表观形貌、晶体形态和官能团信息进行表征,制备的 Bi$_2$WO$_6$ 纳米材料的微观结构的表征结果如图 2-3 所示。图 2-3(a)为制备的 Bi$_2$WO$_6$ 纳米材料的 SEM 图片,从图中可知制备的 Bi$_2$WO$_6$ 为花状结构,且形貌均一可控;图 2-3(b)为制备的 Bi$_2$WO$_6$ 纳米材料的 XRD 图谱,该图谱与正交晶系的 Bi$_2$WO$_6$ 的谱图(JCPDS 39-0256)一致,在 2θ=28.3°、32.8°、47.1°和 55.8°出现的特征峰对应于正交晶系 Bi$_2$WO$_6$ 的 (131)、(002)、(260)和(331)晶面,这表明制得的 Bi$_2$WO$_6$ 属于正交晶系结构;图 2-3(c)为制备的 Bi$_2$WO$_6$ 纳米材料的 FTIR 图谱,在波数为 580 cm^{-1}、733 cm^{-1}、1 385 cm^{-1}、1 628 cm^{-1} 和 3 418 cm^{-1} 位置均有特征峰出现。对特征峰进行具体分析,在波数 400~1 000 cm^{-1} 出现的吸收峰源自 Bi-O 振动和 W-O 振动。在波数 580 cm^{-1}、733 cm^{-1} 和 1 385 cm^{-1} 位置的特征峰则分别属于 W-O 振动、Bi-O 振动和 W-O-W 振动,而在波数为 3 418 cm^{-1} 出现的特征峰则属于水分子中的-OH 振动,这表明虽然对制备的纳米材料进行了干燥处理,其对水分子还是有极强的吸引力,导致这部分水分子不易脱去。以上结果表明本实验中用到的 Bi$_2$WO$_6$ 的制备方法是可行的,且制得的 Bi$_2$WO$_6$ 纳米材料为形貌均一的正交晶系的花状纳米结构。

1 μm

(a)SEM 图

图 2-3　Bi$_2$WO$_6$ 的结构

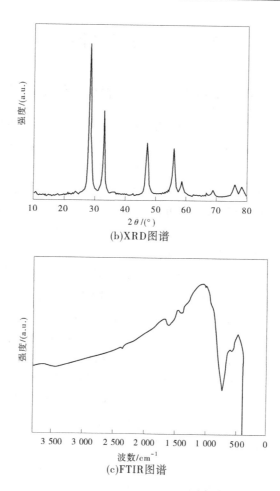

(b)XRD图谱

(c)FTIR图谱

续图 2-3

2.2.1.2　PVDF 纯净膜和 Bi_2WO_6-PVDF 平板膜的 XRD 结果分析

为深入了解制备的 PVDF 纯净膜和不同花状 Bi_2WO_6 纳米材料添加量的 Bi_2WO_6-PVDF 平板膜的晶体结构,制备的所有平板膜材料均采用 XRD 来记录其晶体结构信息,并在图 2-4 中给出其 XRD 图谱。由图 2-4 可知,制备的 PVDF 纯净膜和 Bi_2WO_6-PVDF 平板膜晶体结构为 α 晶型和 γ 晶型的混合晶型,在 2θ =17.5°和 26.7°处的特征峰对应于 α 晶型的(100)和(021)晶面,而在 2θ=20.7° 和 22.8°处的特征峰对应于 γ 晶型的(020)和(111)晶面。相比于没有掺杂 Bi_2WO_6 的纯净的 PVDF 平板膜,Bi_2WO_6 的引入并不影响 Bi_2WO_6-PVDF 平板膜中属于 PVDF 的典型特征峰。然而,在样品 B-5 的 XRD 图谱中,出现了属于正交晶系的 Bi_2WO_6 的(131)、(002)、(260)和(331)晶面,而在样品 B-1~B-4 这些特征峰并不明显。造成这个现象的原因可能是样品 B-1~B-4 中纳米 Bi_2WO_6 的含量过少且被包裹在 PVDF 膜孔内,而样品 B-5 中相对较多的 Bi_2WO_6 在膜制备的相转换过程中迁移至膜表面,并且 Bi_2WO_6 依然保持自己特有的正交晶系结构。这表明,Bi_2WO_6-PVDF 平板膜制备过程中 Bi_2WO_6 和 PVDF 均能保持自己特有的晶型不被破坏。

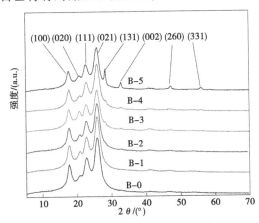

图 2-4　PVDF 纯净膜和 Bi_2WO_6-PVDF 平板膜的 XRD 图谱

2.2.1.3　PVDF 纯净膜和 Bi_2WO_6-PVDF 平板膜的 FTIR 分析

为深入了解制备的 PVDF 纯净膜和不同花状 Bi_2WO_6 纳米材料添加量的 Bi_2WO_6-PVDF 平板膜的化学官能团信息,将制备的所有平板膜样品进行 FTIR 测试,该测试需要用到 ATR 模块,制备的 PVDF 纯净膜和 Bi_2WO_6-PVDF 平板膜的化学官能团信息如图 2-5 所示。由图 2-5 可知,制备的 PVDF 纯净膜和 Bi_2WO_6-PVDF 平板膜在波数为 840 cm^{-1}、880 cm^{-1}、1 070 cm^{-1}、1 180 cm^{-1}、1 280 cm^{-1} 和 1 400 cm^{-1} 的位置均有特征吸收峰。在波数为 840 cm^{-1} 和 880 cm^{-1} 的吸收峰属于官能团 $-CH_2$,在 1 070 cm^{-1} 出现的特征峰则属于 C-C 伸缩振动,在波数为 1 180 cm^{-1}、1 280 cm^{-1} 和 1 400 cm^{-1} 出现的特征峰则属于 $-CF_2$。高分子材料 PVDF 包含非晶相(840 cm^{-1} 和 880 cm^{-1})、α 晶相(1 070 cm^{-1} 和 1 400 cm^{-1})和 β/γ 晶相(1 180 cm^{-1} 和 1 280 cm^{-1})。在 1 000~1 440 cm^{-1} 出现的特征峰表明 PVDF 材料中 α 晶相向 β 晶相的转变。在样品 B-3、B-4 和 B-5 中,在 740 cm^{-1} 处发现微弱的来自 Bi_2WO_6 的特征峰,这是少量的 Bi_2WO_6 迁移至膜表面而造成的。与 XRD 数据的结果基本一致,Bi_2WO_6 的引入并不影响

PVDF 的红外特征峰,即在制备 Bi_2WO_6-PVDF 平板膜的过程中花状纳米 Bi_2WO_6 对 PVDF 自身的化学官能团与晶体结构影响不大。

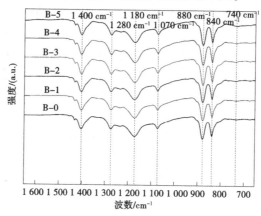

图 2-5　PVDF 纯净膜和 Bi_2WO_6-PVDF 平板膜的 FTIR 图谱

2.2.1.4　PVDF 纯净膜和 Bi_2WO_6-PVDF 平板膜的 SEM 分析

为深入了解制备的 PVDF 纯净膜和不同花状 Bi_2WO_6 纳米材料添加量的 Bi_2WO_6-PVDF 平板膜的表观形态及多孔结构,将制备的所有平板膜样品的上、下表面的形貌通过 SEM 来分析(尝试用液氮脆断和氩离子抛光技术获得制备膜材料的断面形貌,可能是因为膜制备使用的承托层韧性太强、熔点比较低,不能很好地得到膜材料的断面结构),如图 2-6 所示。由图 2-6 中(a1)~(f1)样品的正面 SEM 图可知,高倍的共混平板膜样品的上表面 SEM 图均显示出多孔结构,并且纳米 Bi_2WO_6 的引入使膜孔径变小。随着 Bi_2WO_6 的增加,在图 2-6 的(e2)、(f2)中可清晰地看见少量花状 Bi_2WO_6 存在于膜表面。这个结果跟前面 XRD 和 FTIR 一致。膜表面出现多孔的 Bi_2WO_6,这可能会增加膜表面的粗糙度而改变膜的静态水接触角。从膜上表面的低倍数 SEM 图[图 2-6 中(a2)~(f2)]可以发现,Bi_2WO_6-PVDF 平板膜表面并没有出现裂纹,这表明 Bi_2WO_6 的引入并不会使共混膜变脆而影响其强度。从膜结构的底面 SEM 图[图 2-6 的(a3)~(f3)]可以看出,随着 Bi_2WO_6 含量的增加,透过 PET 的 PVDF 逐渐减少。造成这一现象的原因可能是 Bi_2WO_6 的引入增加了涂膜液的黏度,从而使得涂膜液不容易透过承托层。图 2-6 中还展示了制备的膜 B-0~B-5 上表面的静态水接触角,其值分别为 91.8±0.3°(B-0)、88.5±0.6°(B-1)、86.1±0.2°(B-2)、85.8±0.3°(B-3)、87.3±0.8°(B-4)和89.2±0.4°(B-5),结果表明花状 Bi_2WO_6 的引入可以影响膜的疏水性,接触角的变化规律为:随着 Bi_2WO_6 纳米材料含量的增加,PVDF 上表面的静态水接触角先变小后增大,这可能是由于共混膜材料表面粗糙度的改变,但 Bi_2WO_6 的引入并没有提高 Bi_2WO_6-PVDF 平板膜表面的疏水性。

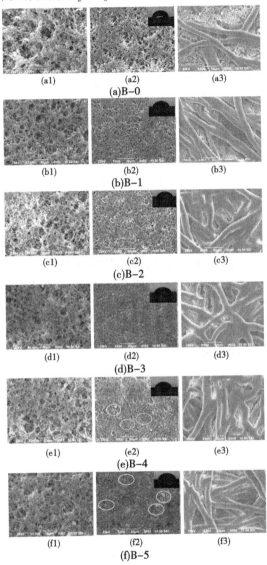

图 2-6　PVDF 纯净膜和 Bi_2WO_6-PVDF 平板膜的 SEM 图谱

2.2.1.5　PVDF 纯净膜和 Bi_2WO_6-PVDF 平板膜的孔隙率、平均孔径和孔径分布

　　孔隙率、平均孔径和孔径分布对膜的渗透性能有重要影响。为深入了解制备的 PVDF 纯净膜和不同花状 Bi_2WO_6 纳米材料添加量的 Bi_2WO_6-PVDF 平板膜的多孔结构,采用毛细管流动分析仪测试了所有膜材料的平均孔径和孔径分布,并采用差重法获得了其孔隙率。制备的所有膜材料的孔隙率、平均孔径和孔径分布如图 2-7 所示。图 2-7(a) 为制得的平板膜材料的平均孔径,其值分别是 3.064 μm(B-0)、0.609 5 μm(B-1)、0.625 2 μm(B-2)、0.596 7 μm(B-3)、0.460 1 μm(B-4)和 0.431 7 μm(B-5)。对比纯净膜 B-0 可知,花状 Bi_2WO_6 的引入使膜孔径明显变小。这是因为 Bi_2WO_6 的存在会加快膜的相转换过程,从而减少膜孔的有效生长时间。此外,由图 2-7(b)~(d)可知,随着 Bi_2WO_6 含量的增加,膜的孔径分布变得更加集中,这表明 Bi_2WO_6 纳米材料可以使膜的孔径分布集中于平均孔径附近。制备的平板膜的孔隙率分别为 0.673±0.003(B-0)、0.656±0.005(B-1)、0.685±0.003(B-2)、0.691±0.008(B-3)、0.695±0.003(B-4)和 0.699±0.003(B-5),膜 B-0 由于具有远大于膜 B-1 的孔径,导致其孔隙率略高于膜 B-1。而共混平板膜材料的孔隙率因 Bi_2WO_6 的引入略有提高,这可能是 Bi_2WO_6 本身的三维中空结构造成的。

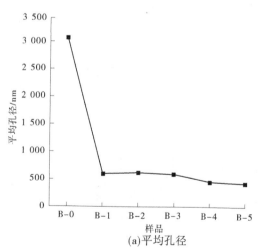

(a)平均孔径

图 2-7　PVDF 纯净膜和 Bi_2WO_6-PVDF 平板膜的平均孔径和孔径分布

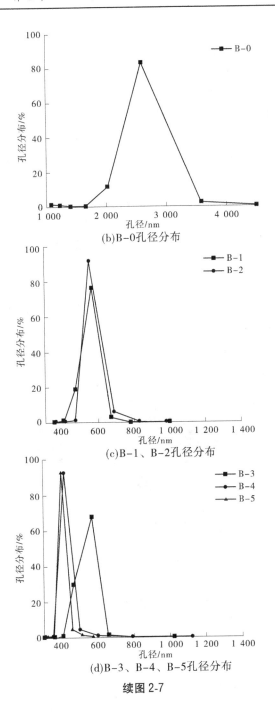

(b)B-0孔径分布

(c)B-1、B-2孔径分布

(d)B-3、B-4、B-5孔径分布

续图 2-7

2.2.1.6　PVDF 纯净膜和 Bi_2WO_6-PVDF 平板膜的 AFM 分析

原子力学显微镜可得到膜材料的三维形貌图和粗糙度数据而不会对其结构造成损伤,是研究膜材料表面形态的一种常用手段。制备的 PVDF 纯净膜和 Bi_2WO_6-PVDF 平板膜的 AFM 如图 2-8 所示。从图 2-8 可知,Bi_2WO_6 的引入对膜表面的粗糙度有很大的影响。平均粗糙度(R_a)、均方根粗糙度(R_q)和最大粗糙度(R_{max})等粗糙度信息均可以由 AFM 表征并通过软件得出,见表 2-6。由于污染等因素会使膜的 R_{max} 比实际值大很多,因此 R_a 和 R_q 经常被用来表征膜表面的粗糙度。AFM 的测试范围为 $10~\mu m \times 10~\mu m$。R_a 的值分别为 636 nm(B-0)、330 nm(B-1)、43 nm(B-2)、37 nm(B-3)、78 nm(B-4)和 178 nm(B-5)。当 Bi_2WO_6 含量低于 3% 时,R_a 由 636 nm 降至 37 nm,然而随着 Bi_2WO_6 含量的继续增加,R_a 则由 37 nm 增加至 178 nm。这可能是由于 Bi_2WO_6 在相转换过程中起着晶核的作用,当 Bi_2WO_6 含量为 0.5% 时晶核的均匀分布导致膜表面较为光滑,但是继续提高 Bi_2WO_6 纳米材料含量,过量的 Bi_2WO_6 在相转换过程中迁移至膜表面,从而提高膜表面的粗糙度。花状 Bi_2WO_6 纳米材料的粗糙结构对膜表面的疏水性有影响,从表 2-6 可以看出,膜表面粗糙度和膜表面静态水接触角具有相关性,即膜表面越粗糙,粗糙度越大,其接触角越大。

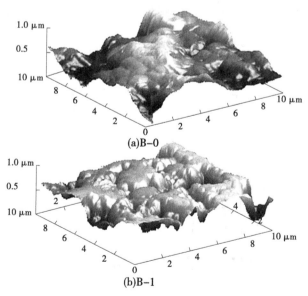

图 2-8　PVDF 纯净膜和 Bi_2WO_6-PVDF 平板膜的 AFM 图

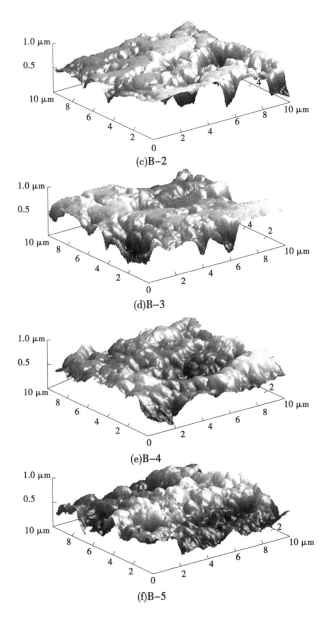

(c)B-2

(d)B-3

(e)B-4

(f)B-5

续图 2-8

表 2-6　PVDF 纯净膜和 Bi_2WO_6-PVDF 平板膜的粗糙度、接触角和孔隙率

膜编号	R_a/nm	R_q/nm	R_{max}/nm	接触角/(°)	孔隙率/%
B-0	636	804	4 434	91.8±0.3	67.3±0.3
B-1	330	392	2 188	88.5±0.6	65.6±0.5
B-2	43	69	240	86.1±0.2	68.5±0.3
B-3	37	59	64	85.8±0.3	69.1±0.8
B-4	78	113	586	87.3±0.8	69.5±0.3
B-5	178	243	1 970	89.2±0.4	69.9±0.3

2.2.1.7　PVDF 纯净膜和 Bi_2WO_6-PVDF 平板膜的热性能分析

PVDF 纯净膜和不同 Bi_2WO_6 含量的 Bi_2WO_6-PVDF 平板膜的结晶性等热力学性能通过 DSC 测试来评价,如图 2-9 所示。热力学分析数据列于表 2-7 中。制备的膜材料的结晶度(X_c)可由式(1-22)估算。从表 2-7 可知,PVDF 纯净膜的熔融温度在 164 ℃附近,而结晶温度约为 137 ℃。结果表明 Bi_2WO_6 对 PVDF 纯净膜的热性能影响不大。在相转换过程中,纳米材料会诱导 PVDF 结晶,因此随着 Bi_2WO_6 含量的增加,制备的膜材料的熔融度(X^m)分别为 36.21%、39.61%、44.58%、52.98%、62.00%和 65.94%,而结晶度(X_c)则分别为 34.57%、38.27%、42.02%、47.47%、51.33%和 55.42%,膜的熔融度和结晶度均呈现增加的趋势。

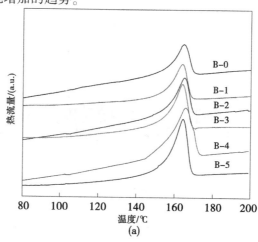

图 2-9　PVDF 纯净膜和 Bi_2WO_6-PVDF 平板膜的 DSC 图

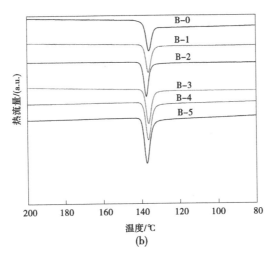

(b)

续图 2-9

表 2-7　制备的 PVDF 纯净膜和 Bi_2WO_6-PVDF 平板膜的热力学参数

膜编号	$W/\%$	$T_m/℃$	$\Delta H_m/(J/g)$	$X_c^m/\%$	$T_c/℃$	$\Delta H_c/(J/g)$	$X_c/\%$
B-0	20.73	164.53	7.86	36.21	136.95	7.16	34.57
B-1	20.63	163.57	8.55	39.61	136.48	7.89	38.27
B-2	20.35	164.81	9.49	44.58	139.30	8.55	42.02
B-3	20.92	163.89	11.60	52.98	136.46	9.93	47.47
B-4	20.77	164.63	13.48	62.00	136.66	10.66	51.33
B-5	19.67	164.02	14.27	65.94	137.49	11.45	55.42

注：W 为高分子材料的质量分数；T_m 为熔融温度；ΔH_m 为熔融焓；X_c^m 为熔融度；T_c 为结晶温度；X_c 为结晶度。

2.2.1.8　Bi_2WO_6 纳米材料含量对平板膜渗透通量的影响

35 g/L NaCl 水溶液作为热侧料液被用来研究 Bi_2WO_6 不同添加量对平板膜渗透通量的影响,结果如图 2-10 所示。制备的 PVDF 纯净膜和 Bi_2WO_6-PVDF 平板膜在 DCMD 实验装置(蠕动泵转速为 50 r/min,冷、热侧温度分别为 20 ℃ 和 60 ℃)中的渗透通量分别是 12.22 kg/($m^2 \cdot h$)(B-0)、11.87 kg/($m^2 \cdot h$)(B-1)、13.15 kg/($m^2 \cdot h$)(B-2)、12.29 kg/($m^2 \cdot h$)(B-3)、11.93 kg/($m^2 \cdot h$)(B-4)和 11.59 kg/($m^2 \cdot h$)(B-5)。由于膜孔径远高于 B-1,B-0 的渗透通量要高于 B-1。在 Bi_2WO_6-PVDF 平板膜材料中,随着 Bi_2WO_6 含量的增加,膜的渗透通量在其含量占 PVDF 质量的 0.5% 时取得最大值 13.15 kg/($m^2 \cdot h$)(B-2),这可能是因为它具备较高的平均孔径和相对较高

的孔隙率。当 Bi_2WO_6 含量继续增加时,因为其平均孔径变小,膜的渗透通量略有下降。实验结果表明制备的膜渗透通量主要受膜平均孔径的影响。

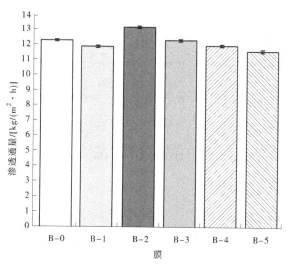

图 2-10　Bi_2WO_6 含量对膜渗透通量的影响

　　为验证制备的疏水膜的稳定性能,分别用膜 B-0、B-2 和市售膜(CP)进行了 100 h 的 DCMD 实验,其结果如图 2-11 所示。PVDF 纯净膜 B-0、共混膜 B-2 和市售 PVDF 膜(桃园膜,0.45 μm)的渗透通量分别为 12.22 kg/(m^2·h)、13.15 kg/(m^2·h)和 9.43 kg/(m^2·h),其盐截留率分别为 94.58%、99.98% 和 99.99%。Alkhudhiri 等指出膜蒸馏用膜的最佳孔径在 0.1~1 μm,膜孔径较大可能是制备的 PVDF 纯净膜的盐截留率相对较低的原因。在盐截留率相当的情况下,制备的 Bi_2WO_6-PVDF 平板膜(B-2)的渗透通量是市售 PVDF 膜的 1.43 倍。经过 100 h 的连续实验,制备的膜材料的渗透通量和脱盐率基本维持稳定,这表明制备的膜材料具有优异的热稳定性和化学稳定性,适合长时间运行。

2.2.2　CNTs-PVDF 平板膜的表征及性能测试

2.2.2.1　CNTs 的结构分析(FTIR)

　　在将 CNTs 用于蒸馏膜改性前对其进行红外测试,CNTs 的 FTIR 图谱如图 2-12 所示。在 1 650 cm^{-1} 和 3 400 cm^{-1} 位置出现的-OH 属于与多壁碳纳米管缔和的水的特征峰,在 1 722 cm^{-1} 位置出现的为 CNTs 的-COOH 伸缩峰。在波数 2 800~2 900 cm^{-1} 出现的特征峰属于-CH,而在波数为 1 500~1 600 cm^{-1}

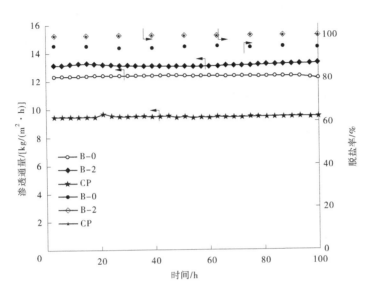

图 2-11　膜在持续性实验中的通量脱盐性能

出现的特征峰表面 C=C 的存在,表明多壁碳纳米管中六角形结构的存在。

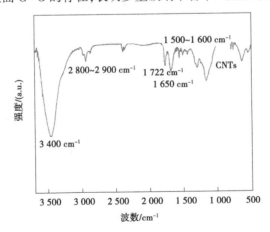

图 2-12　CNTs 的 FTIR 图谱

2.2.2.2　PVDF 纯净膜和 CNTs-PVDF 平板膜的 XRD 分析

为研究 CNTs 添加量对共混平板膜晶体型态的影响,对制备的 PVDF 纯净膜和 CNTs-PVDF 平板膜的 XRD 图谱进行分析,如图 2-13(a)所示。由图 2-13(a)可知,制备的膜结构均为 α 晶型和 β 晶型的混合晶型,在 $2\theta = 17.5°$ 和 $26.7°$ 处的特征峰对应于 α 晶型的(100)和(021)晶面,而在 $2\theta = $

20.7°和22.8°处的特征峰对应于 γ 晶型的(020)和(111)晶面。然而在 XRD
图谱中没有发现 CNTs 纳米材料的特征峰,这可能是由于 CNTs 纳米材料的衍
射峰相较于 PVDF 较弱且含量较低。XRD 图谱表明,CNTs 纳米材料的加入
对 PVDF 特征峰的位置几乎没有影响。随着 CNTs 含量的增加,晶面(021)衍
射强度增强则是因为 CNTs 在相转换过程中诱导 PVDF 由非结晶相向 α 晶型
相转化。但随着 CNTs 含量的继续增加,晶面(021)的衍射强度又略微降低,
这可能在相转换过程中迁移至膜表面的 CNTs 变多对其掩蔽造成的。如
图 2-13(b)所示,制备的膜材料颜色随着 CNTs 含量的增加而加深,这是 CNTs
纳米材料在相转换过程中迁移至膜表面的直接证明。

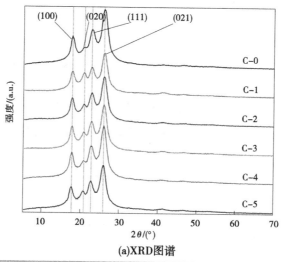

(a)XRD图谱

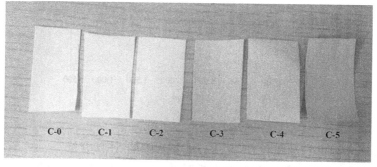

(b)膜表观图

图 2-13　PVDF 纯净膜和 CNTs-PVDF 平板膜的 XRD 图谱和膜表观图

2.2.2.3　PVDF 纯净膜和 CNTs-PVDF 平板膜的 FTIR 分析

　　FTIR 图谱又可称为膜材料的"分子指纹",为了研究 CNTs 对共混 CNTs-PVDF 平板膜化学官能团的影响,对制备的 PVDF 纯净膜和 CNTs-PVDF 平板膜进行红外表征,FTIR 图谱如图 2-14 所示。由图 2-14 可知,所有的平板膜在波数为 840 cm^{-1}、880 cm^{-1}、1 070 cm^{-1}、1 180 cm^{-1}、1 280 cm^{-1} 和 1 400 cm^{-1} 位置均有吸收峰出现,且吸收峰的位置没有发生变化。这表明 CNTs 纳米材料的引入并不影响 PVDF 的固有官能团结构。因为 CNTs 含量很低,所以在 FTIR 图谱中也几乎观察不到属于 CNTs 的特征峰。

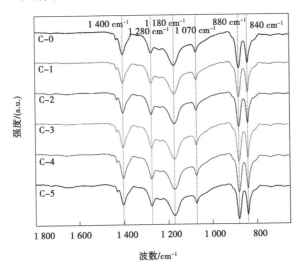

图 2-14　PVDF 纯净膜和 CNTs-PVDF 平板膜的 FTIR 图谱

2.2.2.4　PVDF 纯净膜和 CNTs-PVDF 平板膜的 SEM 分析

　　SEM 可以初步判断膜表面的多孔结构,PVDF 纯净膜和 CNTs-PVDF 平板膜的 SEM 表征被用来分析不同 CNTs 纳米材料含量对制备的 PVDF 纯净膜表面形貌的影响,如图 2-15 所示。由图 2-15 可知,制备的所有膜表面均具有多孔结构,不同 CNTs 纳米材料的添加均导致膜孔径略有不同。不含有 CNTs 纳米材料的 PVDF 纯净膜表面(见图 2-15 中 C-1～C-4)孔隙分布极不均匀。由图 2-15 中 C-1～C-4 可知,随着 CNTs 纳米材料含量的增加,膜的孔隙分布变得较为均匀,这可能是因为 CNTs 使涂膜液更均匀。当 CNTs 纳米材料含量继续增加,如图 2-15 中 C-5 膜表面孔结构又呈现出不均匀性,这可能是过量的 CNTs 纳米材料之间发生了团聚引起的。但是在图中几乎没有观察到

CNTs 的结构,这可能是 CNTs 纳米材料和膜孔结构的比较相似或者是其尺寸过小,在 SEM 图中不容易观察到。

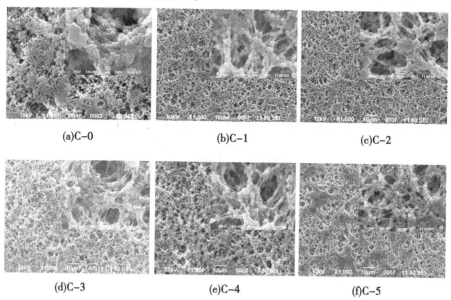

(a)C-0　　　　　　　　(b)C-1　　　　　　　　(c)C-2

(d)C-3　　　　　　　　(e)C-4　　　　　　　　(f)C-5

图 2-15　PVDF 纯净膜和 CNTs-PVDF 平板膜的 SEM 图

2.2.2.5　PVDF 纯净膜和 CNTs-PVDF 平板膜的平均孔径和孔径分布

膜材料的多孔结构,如孔径大小和孔径分布对膜渗透通量和截留率有重要影响,仅通过 SEM 定性分析远远不够,为深入分析不同含量 CNTs 纳米材料对 PVDF 纯净膜的平均孔径和孔径分布的影响,采用毛细管孔径分析仪对制备的膜材料的多孔结构进行定量研究,PVDF 纯净膜和 CNTs-PVDF 平板膜的平均孔径和孔径分布如图 2-16 所示。如图 2-16 中的 C-0,没有添加 CNTs 纳米材料的 PVDF 纯净膜的孔径分布在 1 700~3 600 nm,平均孔径为 3 064 nm。对比发现,含有 CNTs 纳米材料的共混膜材料的平均孔径明显低于 PVDF 纯净膜。在 CNTs 共混膜材料中,随着 CNTs 含量的增加,膜孔径先从 588.5 nm 增加至 783.5 nm(见图 2-16 中 C-3),这表明适量的 CNTs 纳米材料可以优化膜孔径。然而继续增加 CNTs 含量,共混膜的平均孔径则下降至 462 nm,这是因为过量的纳米材料迁移至膜表面,从而阻碍了相转换过程中膜孔的形成。孔径分布则随着 CNTs 纳米材料含量的增加越来越集中于平均孔径附近。

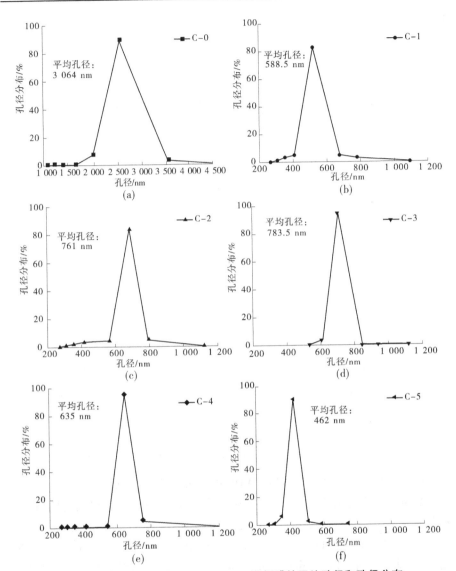

图 2-16　PVDF 纯净膜和 CNTs-PVDF 平板膜的平均孔径和孔径分布

2.2.2.6　PVDF 纯净膜和 CNTs-PVDF 平板膜的孔隙率分析

　　PVDF 纯净膜和不同 CNTs 纳米材料含量的 CNTs-PVDF 平板膜的膜厚和孔隙率如图 2-17 所示。膜厚通过测微尺测量，孔隙率则通过差重法获得。由图 2-17 可知，制备的 PVDF 纯净膜和 CNTs-PVDF 平板膜的孔隙率分别为 0.673（C-0）、0.682（C-1）、0.691（C-2）、0.712（C-3）、0.700（C-4）和

0.678(C-5),而膜厚分别为 160.00 μm(C-0)、165.00 μm(C-1)、166.25 μm
(C-2)、173.75 μm(C-3)、172.50 μm C-4)和 156.25 μm(C-5)。制备的膜
材料的膜厚和孔隙率的变化规律基本一致,膜厚和孔隙率在膜 C-3 中取得最
大值分别为 173.75 μm 和 0.712。结果表明,CNTs 能够有效优化膜孔隙率,
但是随着其含量的持续增加,膜的孔隙率则略有下降。这可能是因为在相转
换过程中,过量的纳米材料嵌入高分子材料孔中限制了膜孔的形成,从而降低
了膜的厚度和孔隙率。

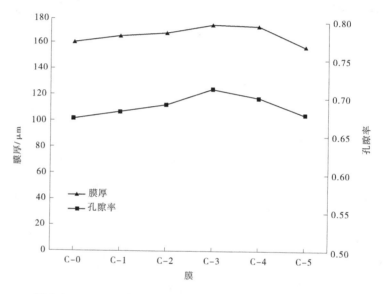

图 2-17　PVDF 纯净膜和 CNTs-PVDF 平板膜的膜厚和孔隙率

2.2.2.7　PVDF 纯净膜和 CNTs-PVDF 平板膜的 AFM 分析

AFM 是一种应用较为广泛的膜表面形态的分析技术,它得到的膜材料的
表面结构最为真实,制备的 PVDF 纯净膜和 CNTs-PVDF 平板膜的 AFM 如
图 2-18 所示。由图 2-18 可知,CNTs 含量对膜表面的粗糙度有很大的影响。
表 2-8 为制备的膜材料的粗糙度信息 R_a、R_q 和 R_{max},通常用 R_a 来分析膜材料
的粗糙度。R_a 的值分别为 636.0 nm(C-0)、42.4 nm(C-1)、57.0 nm(C-2)、
71.4 nm(C-3)、89.0 nm(C-4)和 81.4 nm(C-5)。CNTs 纳米材料的加入使
共混平板膜的 R_a 值降低了一个数量级。在 CNTs-PVDF 平板膜中,膜表面的
粗糙度随着纳米材料 CNTs 含量的增加而呈现增加趋势,这与 Hou 等研究的
$CaCO_3$ 对膜材料的影响结果一致。

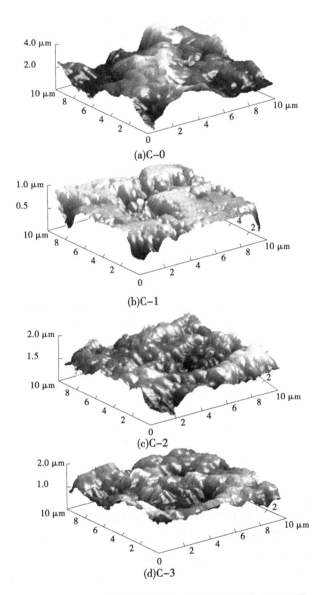

(a)C-0

(b)C-1

(c)C-2

(d)C-3

图 2-18　PVDF 纯净膜和 CNTs-PVDF 平板膜的 AFM 图

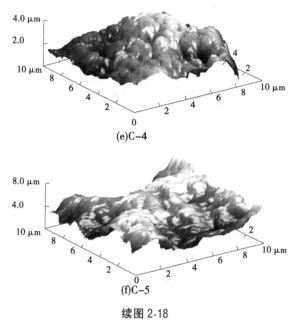

(e)C-4

(f)C-5

续图 2-18

表 2-8　PVDF 纯净膜和 CNTs-PVDF 平板膜的粗糙度　　　单位:nm

膜编号	R_a	R_q	R_{max}
C-0	636.0	804.0	4 434
C-1	42.4	78.0	1 112
C-2	57.0	83.6	1 736
C-3	71.4	100.8	2 580
C-4	89.0	134.0	5 020
C-5	81.4	153.4	8 260

2.2.2.8　PVDF 纯净膜和 CNTs-PVDF 平板膜的疏水性分析

　　膜材料的疏水性是蒸馏膜的关键因素,决定了其能否在膜蒸馏过程中使用,对制备的 PVDF 纯净膜和 CNTs-PVDF 平板膜的表面静态水接触角进行测试来评价 CNTs 纳米材料添加量对膜样品的疏水性能的影响,如图 2-19 所示。由图 2-19 可知,制备的 PVDF 纯净膜和 CNTs-PVDF 平板膜的静态水接触角分别为 91.80°、81.71°、84.09°、94.13°、97.15° 和 100.96°。静态水接触角是膜材料疏水性的直接反应,膜 C-1 的静态水接触角要低于膜 C-0,这是因为膜 C-1 的表面膜孔径远低于膜 C-0,随着 CNTs 纳米材料的增加,膜 C-5 的静态水接触角最大(100.96°),这是 CNTs 纳米材料的加入使膜粗糙度增加,并且疏水的 CNTs 迁移至膜表面共同作用的结果。

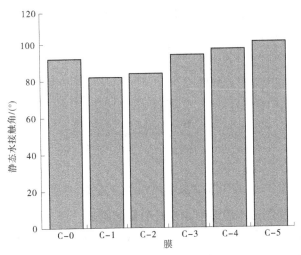

图 2-19　PVDF 纯净膜和 CNTs-PVDF 平板膜的静态水接触角

2.2.2.9　PVDF 纯净膜和 CNTs-PVDF 平板膜的渗透通量和脱盐性能

35 g/L NaCl 水溶液作为热侧料液,通过 DCMD 实验来研究 CNTs 含量对 PVDF 纯净膜渗透通量的影响,膜渗透通量和渗透侧水溶液的电导率结果如图 2-20 所示。由图 2-20 可知,膜的渗透通量分别是 12.22 kg/(m² · h)(C-0)、11.13 kg/(m² · h)(C-1)、12.71 kg/(m² · h)(C-2)、15.15 kg/(m² · h)(C-3)、13.94 kg/(m² · h)(C-4)、12.03 kg/(m² · h)(C-5)和 10.50 kg/(m² · h)(MB)(PVDF 进口膜,0.22 μm)。CNTs 和 Bi₂WO₆ 对 PVDF 纯净膜渗透通量的影响基本一致(不再展开分析)。馏出液的电导率分别为 3 300 μS/cm(C-0)、64.42 μS/cm(C-1)、19.16 μS/cm(C-2)、6.42 μS/cm(C-3)、6.16 μS/cm(C-4)、5.03 μS/cm(C-5)和 3.97 μS/cm(MB),馏出液的电导率随着 CNTs 含量的增加而降低,这主要是由于 CNTs 的加入使膜孔径分布更加集中且使其平均孔径更适合用来做蒸馏膜来使用。在馏出液电导率相当的情况下,制备的膜 C-3 的渗透通量为市售膜的 1.44 倍。鉴于膜 C-3 优异的渗透通量和盐截留率,选取 C-3 的制备配方进行后续响应紫外光自清洁蒸馏膜的改性研究。

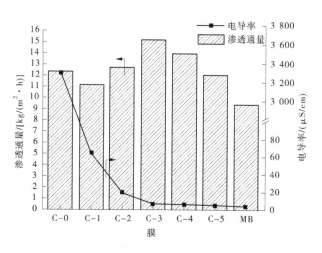

图 2-20　CNTs 添加量对 PVDF 纯净膜脱盐性能的影响

2.2.2.10　冷、热侧进水流速对膜渗透通量的影响

选取膜 C-3 来研究冷、热侧进水流速对膜渗透通量的影响,如图 2-21 所示。图 2-21(a)为固定料液热侧流体错流速度为 0.032 88 m/s(蠕动泵转速 50 r/min),通过调节蠕动泵转速来控制冷侧进水流速,蠕动泵转速分别为 10 r/min、30 r/min、50 r/min 和 70 r/min,对应的错流速度分别为 0.006 577 m/s、0.019 73 m/s、0.032 88 m/s 和 0.046 04 m/s,从图 2-21(a)中可以看出,随着冷侧蠕动泵转速的增加,膜的渗透通量由 10.87 kg/(m² · h)增加至 17.01 kg/(m² · h),这可能是由于随着冷侧进水流速的提高,冷侧膜表面的剪切力随之提高,削减了冷侧膜表面滞留层厚度,从而削弱了温度极化,可快速将由热侧透过膜的水蒸气迅速冷却成液态水。图 2-21(b)则为固定料液冷侧流体错流速度为 0.032 88 m/s,调节料液侧错流速度分别为 0.006 577 m/s、0.019 73 m/s、0.032 88 m/s 和 0.046 04 m/s,来考察膜 C-3 的渗透通量,从图 2-21(b)中可以看出,膜渗透通量分别为 6.70 kg/(m² · h)、10.16 kg/(m² · h)、15.36 kg/(m² · h)和 17.50 kg/(m² · h),随着热侧进水流速的提高,热侧膜表面的剪切力同样得到提高,从而削弱了浓度极化和温度极化,膜的渗透通量才呈现快速增长的趋势。对比图 2-21(a)和图 2-21(b),不难发现料液热侧进水流速对膜渗透通量的影响要高于冷侧,这是因为热侧进水流速的增加提高了膜表面的紊流强度,除了削弱了温度极化,还降低了膜表面的浓度极化。

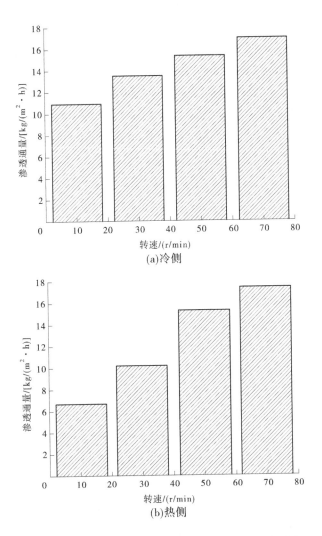

图 2-21　冷、热侧进水流速对膜 C-3 渗透通量的影响

2.2.3　RGO-PVDF 平板膜的表征及性能测试

2.2.3.1　制备的石墨烯(GO)的结构(FTIR、XRD 和 TEM)

本实验用到的石墨烯是通过改进 Hummer 法制备的氧化石墨烯,将其用于 PVDF 疏水膜改性前,对其基本结构进行表征测试,石墨烯的 FTIR、XRD 和 TEM 表征如图 2-22 所示。图 2-22(a)为制备的 GO 的 FTIR 图,在波数为

3 410 cm^{-1} 出现的伸缩振动为氧化石墨烯分子的–OH 振动。此外,在波数为 1 216 cm^{-1}、1 616 cm^{-1} 和 1 732 cm^{-1} 出现的伸缩振动分别属于 GO 分子的 C–O 振动、C=C 振动和 C=O 振动。FTIR 图表明制备的 GO 含有大量的含氧官能团。图 2-22(b) 为制备的 GO 和 RGO 的 XRD 图,在 GO 的 XRD 图谱中, 2θ=10.8°时出现一个很强的峰,其晶面为(001),这与文献报道的结果一致, 在 RGO 的图谱中出现了两个峰 2θ=26°和 44°,对应(002)和(100)晶面,表明 GO 被成功还原为 RGO。图 2-22(c) 和图 2-22(d) 为 RGO 的 TEM 图, 图 2-22(c) 为 RGO 的低倍数 TEM 图,图 2-22(d) 为 RGO 高倍数的 TEM 图,从图中可清晰地看到 RGO 为片层状纳米结构。综上可知,GO 被成功地制备出来并被还原为片层状 RGO。

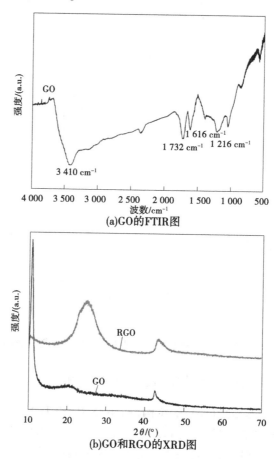

(a)GO的FTIR图

(b)GO和RGO的XRD图

图 2-22　GO 的 FTIR 图、GO 和 RGO 的 XRD 图、RGO 的 TEM 图

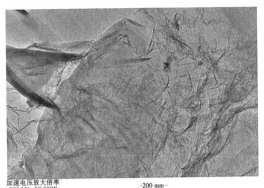

加速电压放大倍率
200 kV　30 000X
—200 mm—

(c)RGO的低倍数TEM图

加速电压放大倍率
200 kV　10 000X
—100 mm—

(d)RGO的高倍数TEM图

续图 2-22

2.2.3.2　PVDF 纯净膜和 RGO-PVDF 平板膜的 XRD 分析

　　PVDF 纯净膜和 RGO-PVDF 平板膜的 XRD 分析如图 2-23 所示。制备的膜结构均有 PVDF 的 α 晶型和 β 晶型,在 $2\theta=17.5°$ 和 26.7°处的特征峰对应于 α 晶型的(100)和(021)晶面,而在 $2\theta=20.7°$ 和 22.8°处的特征峰对应于 γ 晶型的(020)和(111)晶面。然而在 XRD 图谱中没有发现 RGO 的特征峰($2\theta=26°$),这可能是此位置 PVDF 纯净膜的衍射峰强度远高于 RGO,且 RGO 的含量远低于 PVDF 纯净膜。在 $2\theta=44°$ 的位置,随着 RGO 含量的增加,出现了 RGO 微弱的特征峰。XRD 图谱表明 RGO 的加入对 PVDF 纯净膜特征峰的位置几乎没有影响。但是随着 RGO 含量的增加,RGO-PVDF 平板膜的衍射峰强度越来越弱,这是因为在膜形成过程中,迁移至膜表面的 RGO 对 PVDF 纯净膜的衍射峰造成了一定程度的掩蔽,并且 RGO 含量越多,迁移至膜表面的 RGO 也越多,掩蔽作用也越强。

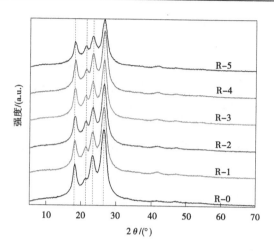

图 2-23　PVDF 纯净膜和 RGO-PVDF 平板膜的 XRD 图谱

2.2.3.3　PVDF 纯净膜和 RGO-PVDF 平板膜 FTIR 分析

FTIR 图谱可以分析制备的膜材料的晶态和官能团信息,对于分析膜结构有重要意义,制备的 PVDF 纯净膜和 RGO-PVDF 平板膜的 FTIR 图谱如图 2-24 所示。由图 2-24 可知,所有的平板膜在波数为 840 cm^{-1}、880 cm^{-1}、1 070 cm^{-1}、1 180 cm^{-1}、1 280 cm^{-1} 和 1 400 cm^{-1} 均有吸收峰出现,且峰位置基本没有发生变化,表明在共混膜材料的制备过程中 GO 的引入及还原对 PVDF 固有的结构不造成影响。在波数为 840 cm^{-1} 和 880 cm^{-1} 出现的吸收峰属于官能团-CH_2 伸缩振动,在波数为 1 070 cm^{-1} 出现的特征峰则属于 C-C 伸缩振动,在波数为 1 180 cm^{-1}、1 280 cm^{-1} 和 1 400 cm^{-1} 出现的特征峰则属于-CF_2 伸缩振动。高分子材料 PVDF 包含非晶相(840 cm^{-1} 和 880 cm^{-1})、α 晶相(1 070 cm^{-1} 和 1 400 cm^{-1})和 β/γ 晶相(1 180 cm^{-1} 和 1 280 cm^{-1})。从图 2-24 中可以看出 RGO 的加入对 PVDF 纯净膜的固有晶相基本没有影响。在红外图谱中没有发现属于 GO 的特征峰,这表明在涂膜液配制过程中,其含氧官能团被水合肼成功还原为 RGO。

2.2.3.4　PVDF 纯净膜和 RGO-PVDF 平板膜 SEM 分析

SEM 经常被用来分析材料的表面形态,对制备的 PVDF 纯净膜和 RGO-PVDF 平板膜进行 SEM 测试得出其表面形态和多孔结构信息,如图 2-25 所示。由图 2-25 可知,制备的 PVDF 纯净膜和 RGO-PVDF 平板膜均具有多孔结构。且 R-0 纯净膜的孔径明显大于 RGO-PVDF 平板膜,这是因为 RGO 纳米材料在相转换过程中迁移至膜表面从而降低了膜孔形成的有效

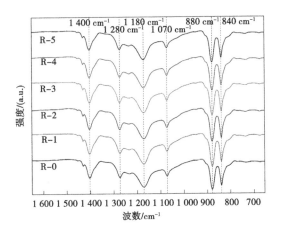

图 2-24　PVDF 纯净膜和 RGO-PVDF 平板膜的 FTIR 图谱

时间。图 2-25 中并没有观察到 RGO 的纳米片层结构,这可能是因为 RGO 为纳米片层的透明结构,SEM 的分辨率不足以观察到其微观结构。

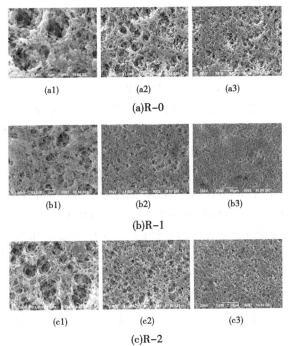

图 2-25　PVDF 纯净膜和 RGO-PVDF 纯净膜的 SEM 图

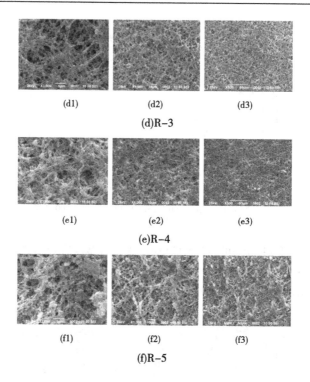

(d1)   (d2)   (d3)

(d)R-3

(e1)   (e2)   (e3)

(e)R-4

(f1)   (f2)   (f3)

(f)R-5

续图 2-25

2.2.3.5　PVDF 纯净膜和 RGO-PVDF 平板膜的平均孔径和孔径分布

毛细管流动孔径分析仪同样被用来分析不同含量 RGO 对 PVDF 纯净膜多孔结构的影响,PVDF 纯净膜和 RGO-PVDF 平板膜的平均孔径和孔径分布如图 2-26 所示。图 2-26(a)为制备的 PVDF 纯净膜和 RGO-PVDF 平板膜的平均孔径,其值分别为 3 064 nm、655.6 nm、706.3 nm、721.1 nm、742.9 nm 和 572.7 nm,RGO 纳米材料可使膜的平均孔径由 3 064 nm 降至 800 nm 以下,在 RGO-PVDF 平板膜中,膜的平均孔径随着 RGO 含量的增加而增加,并在膜 R-4 中取得最大值(742.9 nm),这表明 RGO 纳米材料可以增大膜孔径,但是继续提高 RGO 的含量,共混膜的平均膜孔径则又逐渐减小,这说明片层状 RGO 对膜孔径的影响并不总是积极的,过量的 RGO 可使膜的平均膜孔径变小。图 2-26(b)~(d)为制备的 RGO-PVDF 平板膜的孔径分布图,从图中可以看出,随着 RGO 含量的增加,膜的孔径分布越来越窄,且集中于平均孔径附近。集中的孔径分布使得制备的膜材料较适合用于膜蒸馏过程。

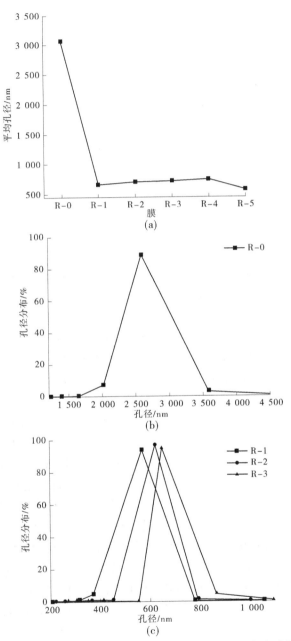

图 2-26 PVDF 纯净膜和 RGO-PVDF 平板膜的平均孔径和孔径分布

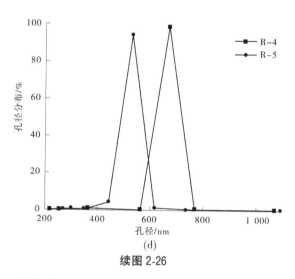

(d)

续图 2-26

2.2.3.6　PVDF 纯净膜和 RGO-PVDF 平板膜的膜厚和孔隙率

PVDF 纯净膜和不同 RGO 含量的 RGO-PVDF 平板膜的膜厚和孔隙率如图 2-27 所示。图中可以看出制得的平板膜的膜厚分别为 181.25 μm(R-0)、177.5 μm(R-1)、160.85 μm(R-2)、166.25 μm(R-3)、168.75 μm(R-4)和181.23 μm(R-5)。PVDF 平板膜的膜厚呈现出先减小后变大的规律。制得的 PVDF 平板膜的孔隙率分别为 0.703 8(R-0)、0.658 6(R-1)、0.686 0(R-2)、0.721 1(R-3)、0.697 3(R-4)和0.687 5(R-5)。对比膜 R-0 和膜 R-1,RGO 纳米材料的加入使得膜孔隙率有所下降,这是因为膜 R-1 的平均孔径远低于膜 R-0。在 PVDF 纯净膜制备过程中,直接发生了有机溶剂和水之间的交换,而在复合膜中 RGO 和 PVDF 分子会形成一种作用力,从而充当晶核的作用,诱发固-液转换,进而形成了指状孔结构,这对于提高膜的孔隙率有重要意义。随着 RGO 纳米材料含量的增加,膜孔隙率呈现先增加后降低的趋势。在 RGO-PVDF 平板膜中,膜厚和孔隙率呈现负相关的关系。

2.2.3.7　PVDF 纯净膜和 RGO-PVDF 平板膜的静态水接触角

通过测量制备的膜材料表面的静态水接触角来分析不同 RGO 含量 PVDF 膜表面的疏水性,制备的 PVDF 纯净膜和 RGO-PVDF 平板膜的静态水接触角如图 2-28 所示。由图 2-28 可知,制备的平板膜表面的静态水接触角分别为 91.8°(R-0)、73.19°(R-1)、81.71°(R-2)、93.4°(R-3)、105.13°(R-4)和110.57°(R-5),没有掺杂 RGO 的平板膜 R-0 的接触角要大于膜 R-1,这可能是因为其相对较大的孔径和粗糙度。而 RGO-PVDF 平板膜

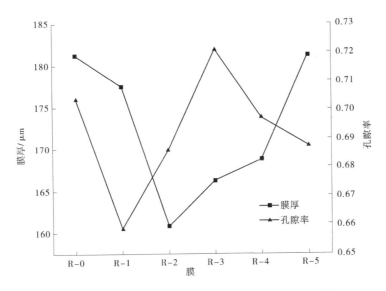

图 2-27　PVDF 纯净膜和 RGO-PVDF 平板膜的膜厚和孔隙率

的接触角则随着 RGO 添加量的增加而逐渐增大,最大可达 110.57°(R-5)。这是因为在非溶剂致相分离制膜的过程中,RGO 迁移至膜表面,随着膜表面疏水性 RGO 的增多,膜的疏水性也逐渐变大,疏水性提高的直接表现则为膜表面静态水接触角的增大。

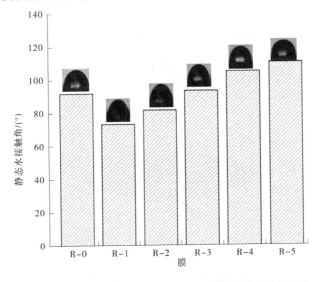

图 2-28　PVDF 纯净膜和 RGO-PVDF 平板膜的静态水接触角

2.2.3.8　PVDF 纯净膜和 RGO-PVDF 平板膜的 AFM 分析

将制备的膜材料进行 AFM 测试得出 PVDF 纯净膜和 RGO-PVDF 平板膜的三维形貌图和粗糙度信息,图 2-29 为制备的膜样品的 3D 表面形态图。由图 2-29 可知,RGO 纳米材料对膜表面的粗糙度有很大的影响。不同膜样品的平均粗糙度(R_a)、均方根粗糙度(R_q)和最大粗糙度(R_{max})数据见表 2-9。通常用 R_a 和 R_q 来表征膜表面的粗糙度。R_a 的值分别为 831.0 nm(R-0)、47.4 nm(R-1)、107.2 nm(R-2)、121.6 nm(R-3)、124.0 nm(R-4)和 88.8 nm(R-5)。R_q 的值分别为 660.0 nm(R-0)、20.2 nm(R-1)、73.6 nm(R-2)、82.2 nm(R-3)、87.0 nm(R-4)和 59.0 nm(R-5)。制备的 RGO-PVDF 平板膜的 R_a 和 R_q 数据变化规律一致,PVDF 纯净膜的粗糙度明显高于 RGO-PVDF 平板膜,这可能是膜 R-0 的孔径远大于 RGO 复合膜导致的。在 RGO-PVDF 平板膜中,随着 RGO 含量的增加,其粗糙度呈现增加的趋势。

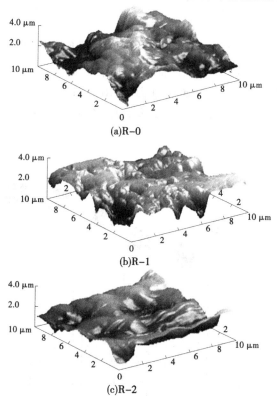

(a)R-0

(b)R-1

(c)R-2

图 2-29　PVDF 纯净膜和 RGO-PVDF 平板膜的 3D 表面形态

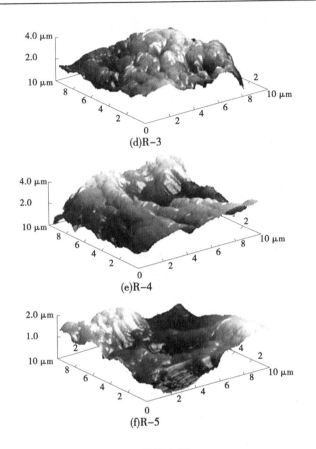

(d)R-3

(e)R-4

(f)R-5

续图 2-29

表 2-9　PVDF 纯净膜和共混 RGO-PVDF 平板膜的粗糙度　　单位:nm

膜编号	R_a	R_q	R_{max}
R-0	831.0	660.0	4 518
R-1	47.4	20.2	3 580
R-2	107.2	73.6	2 880
R-3	121.6	82.2	3 440
R-4	124.0	87.0	3 620
R-5	88.8	59.0	2 720

2.2.3.9　PVDF 纯净膜和 RGO-PVDF 平板膜的渗透通量和脱盐性能

35 g/L NaCl 水溶液作为热侧料液被用来研究 RGO 掺杂量对 RGO-PVDF 平板膜渗透通量和脱盐性能的影响,结果如图 2-30 所示。由图 2-30 可知,制得的平板膜的渗透通量分别是 12.33 kg/(m^2·h)(R-0)、10.99 kg/(m^2·h)(R-1)、14.03 kg/(m^2·h)(R-2)、15.04 kg/(m^2·h)(R-3)、15.36 kg/(m^2·h)(R-4)、14.55 kg/(m^2·h)(R-5)和 10.50 kg/(m^2·h)(MB)(PVDF 进口膜,0.22 μm)。膜的馏出液的电导率分别为 3 300 μS/cm、75 μS/cm、44 μS/cm、37 μS/cm、9.75 μS/cm、7.43 μS/cm 和 3.43 μS/cm。制备的未掺杂 RGO 的膜 R-0 的渗透通量高于 R-1,这是由于 R-0 的膜孔径远大于 R-1。因为 R-0 孔径太大,其馏出侧电导率远高于 RGO-PVDF 平板膜,因此 R-0 并不适合用作膜蒸馏脱盐过程。在 RGO-PVDF 平板膜中,随着 RGO 含量的增加,膜的渗透通量呈现先增加后减小的趋势,这与膜材料的孔径呈正相关,即膜孔径大小是蒸馏膜渗透通量的直接反应。制备的 RGO-PVDF 平板膜的渗透通量均大于购买的 MB 膜,膜 R-4 的渗透通量为 MB 膜的 1.46 倍,且盐截留率基本相当。鉴于膜 R-4 优异的渗透通量和盐截留率,选取 R-4 的制备配方进行后续响应可见光自清洁蒸馏膜的改性研究。

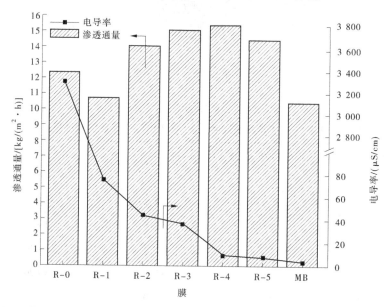

图 2-30　RGO-PVDF 平板膜的渗透通量和脱盐性能

2.2.3.10　膜蒸馏运行工艺(温度和转速)对膜 R-4 渗透通量的影响

　　为了研究蒸馏膜在不同运行工艺条件下的渗透通量,优选性能最好的 RGO-PVDF 平板膜 R-4,分别考察进水流速和料液侧温度对膜渗透通量的影响,料液侧温度通过调节水浴温度控制,而进水流速则通过调整蠕动泵转速实现,不同条件下,膜 R-4 的渗透通量如图 2-31 所示。从图 2-31 中可以看出,随着冷、热侧蠕动泵转速由 30 r/min 增加至 90 r/min,膜的渗透通量呈现增加的趋势,这可能是因为蠕动泵转速的提高导致膜表面错流速度的提高,较高的膜面速度使膜面剪切力增加,从而可削弱膜表面的滞留层,进而提高膜的热利用率。在相同错流速度下,料液侧温度由 50 ℃增加至 80 ℃,其渗透通量随之增大,这是因为较高的料液侧温度可提高热侧的水蒸气分压,从而增加了水蒸气通过膜孔的驱动力,同时高温产生的水蒸气更多。综上可知,提高膜料液侧温度和模块进水流速均能增加膜蒸馏过程的产水量。

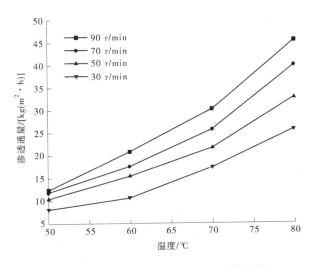

图 2-31　温度、转速对膜 R-4 渗透通量的影响

2.3　本章小结

　　(1)采用水热法制备出花状 Bi_2WO_6 纳米材料,并对其进行 SEM、XRD 和 FTIR 表征,结果表明本实验中用到的 Bi_2WO_6 为形貌均一的正交晶系的花状多孔纳米材料。以 PVDF 粉末为膜材料、PET 为承托层、DMAc 为溶剂、LiCl 为无机添加剂、水为非溶剂,改变自制花状多孔 Bi_2WO_6 添加量,采用 NIPS 法

制备出 Bi_2WO_6-PVDF 平板膜材料。并对其结构进行了一系列表征,结果表明花状 Bi_2WO_6 的引入对 PVDF 的 XRD 和 FTIR 特征峰几乎无影响;Bi_2WO_6 对 PVDF 纯净膜的静态水接触角影响较小;毛细管流动孔径分析实验表明适量的 Bi_2WO_6 可以优化 Bi_2WO_6-PVDF 平板膜的孔径及孔径分布,使得复合膜平均孔径均适用于膜蒸馏体系,且膜的最大平均孔径为 625.2 nm(B-2)。采用实验室自制的直接接触式膜蒸馏实验装置,以 35 g/L 的 NaCl 水溶液为热侧料液,100 h 连续实验表明制得的 Bi_2WO_6-PVDF 平板膜结构稳定,B-2 膜通量可达 13.15 $kg/(m^2 \cdot h)$,在盐截留率相当的情况下,其渗透通量为市售膜 CP 的 1.43 倍。

(2)以 NIPS 法制备出不同 CNTs 含量的 CNTs-PVDF 平板膜,并对其微观结构进行表征。结果表明 CNTs 并不影响 PVDF 纯净膜的 XRD 和 FTIR 特征峰;但是适量的 CNTs 能够优化膜孔径和孔径分布,膜的最大平均孔径为 783.5 nm(C-3),且 CNTs 能够提高膜表面的疏水性;以 35 g/L 的 NaCl 水溶液进行的膜蒸馏实验表明,在同样实验条件下,CNTs-PVDF 平板膜 C-3 的渗透通量最大,为 15.15 $kg/(m^2 \cdot h)$,在馏出液电导率相当的情况下,其渗透通量是市售膜 MB 渗透通量 10.50 $kg/(m^2 \cdot h)$ 的 1.44 倍;通过改变蠕动泵转速,考察了冷、热侧膜面错流速度对膜渗透通量的影响;膜面流速越大,渗透通量相对提高,并且热侧膜面流速对渗透通量影响要大于冷侧。

(3)采用改进的 Hummer 法制备出 GO,并采用热法还原制备出 RGO,对 RO 和 RGO 进行表征。结果表明,GO 被成功制备出来,且热法也能成功将其还原为 RGO;以 NIPS 法制备出不同 RGO 含量的 RGO-PVDF 平板膜,并考察其微观结构,FTIR 和 XRD 图谱表明,RGO 对 PVDF 纯净膜的晶型影响不大;RGO 可以优化膜孔径和孔径分布,平均孔径最大值为 742.9 nm(R-4);随着 RGO 含量的增加,复合膜的静态水接触角逐渐增大;以 35 g/L 的 NaCl 水溶液进行的膜蒸馏实验表明,在同样实验条件下,RGO-PVDF 平板膜 R-4 渗透通量最大[15.36 $kg/(m^2 \cdot h)$],在馏出液电导率相当的情况下,其渗透通量是市售 MB 膜(10.50 $kg/(m^2 \cdot h)$)的 1.46 倍;以膜 R-4 考察了进水流速和热侧料液温度对膜渗透通量的影响,提高进水速度和热侧料液温度,均能提高膜的渗透通量。这是因为较高的进水流速可以减少膜面滞留层,从而降低温度极化。热侧料液温度的提高也有助于水蒸气的产生,且能增大其透过膜的驱动力。

(4)疏水性的 CNTs 和 RGO 不仅能优化共混膜材料的多孔结构,同时能提高膜表面的疏水性,因此,CNTs 和 RGO 更适合用于蒸馏膜的改性研究。

第 3 章　响应紫外光自清洁蒸馏膜的改性及性能研究

　　染料在印染工业中有着举足轻重的作用,印染工业的快速发展给环境带来了大量含染料的废水。印染废水具有色度高、盐度高、COD 含量高和可生化作用差等特点。因此,该类废水的处理具有一定的难度。膜分离技术已经被证实具有设备简单、易于维护和截留率高等特点。尤其,DCMD 过程的操作条件温和而受到广大科研工作者的关注。并且,因为印染废水的温度约为 80 ℃,将 DCMD 应用于印染废水处理不需要额外提供热源。但是,DCMD 仅是一个物理过程,染料会在料液侧浓缩,并且染料具有很强的吸附性能,从而加重膜表面的浓度极化现象,浓度极化会降低膜的渗透通量。光催化技术可将染料分子有效降解,矿化为 CO_2、H_2O 等小分子。因此,将两种技术有机结合可使 DCMD 持续高效运行。将具有光催化作用的纳米材料修饰在蒸馏膜表面,制备出光催化蒸馏膜是一个完美的设想。$P25-TiO_2$ 被公认为廉价、稳定且光催化性能优异的纳米材料,而被广泛应用于难降解有机废水的处理研究当中。同时,又由于 PVDF 膜具有良好的化学稳定性、热稳定性以及抗紫外线性能。文献很少有关于光催化蒸馏膜的制备工艺研究,这是因为文献多从成品膜角度对膜材料进行疏水、亲水或光催化改性。它们的方法基本为借助物理、化学手段使膜表面产生 -OH 等亲水集团,并完成强疏水材料或光催化剂的嫁接,该方法制得的光催化膜材料多为亲水膜材料,而膜蒸馏对膜的疏水性要求较高。因此,开展光催化蒸馏膜的制备工艺研究,对于其在处理染料废水中的应用具有实际意义。

　　本实验从响应紫外光自清洁蒸馏膜的制备工艺入手,以膜 R-4 的制备配方作为 $P25-TiO_2$ 光催化膜的底膜配方,首先保证制得的膜材料具有较高的渗透通量和截留率。鉴于 PVDF 可用作胶黏剂来使用又可保证光催化涂层具备应有的疏水性能。因此,将 TiO_2 与 PVDF 和 DMAc 混合作为光催化涂层,迅速将光催化制备液涂布于涂膜液 R-4 形成的湿膜上,然后进行非溶剂致相转换过程完成膜的制备,即采用双层涂敷技术制得具有光催化作用的疏水膜材料用来处理印染废水,并借助紫外光辐射对料液侧的有机物质矿化,进而消除料液侧膜表面的浓度极化现象,从而保证膜蒸馏技术在染料废水处理中高效、稳定运行。

3.1 实验材料与方法

3.1.1 实验试剂与仪器

3.1.1.1 实验试剂

本实验中用到的主要实验试剂在表 2-1 已有介绍,在此不再详细介绍。此外,还用到了罗丹明 B(RhB)和 P25-TiO$_2$ 纳米光催化剂,见表 3-1。

表 3-1 实验中用到的主要试剂

试剂名称	规格	生产厂家
RhB	分析纯	上海化学试剂厂
P25-TiO$_2$	混晶	德国德固赛

3.1.1.2 实验仪器

实验中用到的主要仪器在表 2-2 中介绍过的,在此不再赘述,此外还用到了光催化反应器、液–质联用仪及光催化–膜蒸馏装置。

表 3-2 实验中用到的主要仪器

仪器名称	型号	产地
光催化反应器	—	自制
液–质联用仪	Varian 325 LC-MS	美国
光催化–膜蒸馏装置	—	自制

3.1.1.3 废水水质

模拟海水:以分析纯 NaCl 和去离子水配制质量浓度为 35 g/L 的 NaCl 水溶液。

RhB 模拟废水:采用去离子水配制 1 000 mg/L 的 RhB 废水来模拟印染废水备用,使用前进行稀释到特定浓度。

3.1.2 响应紫外光自清洁蒸馏膜的制备

PVDF 底膜的配方与膜 R-4 的配方及制备方法一致。简要介绍如下:将 2 g

含有 9 g/L 的 GO 溶液、0.2 g $N_2H_4 \cdot H_2O$ 和 5 g LiCl 加入 79.8 g DMAc 搅拌均匀,后加入 12 g 干燥的 PVDF 粉末,60 ℃搅拌 48 h。然后将其转入 60 ℃烘箱中静置脱气 12 h 备用,记为涂膜液 A。TiO_2 光催化层涂膜液 B 主要成分为 PVDF 粉末、P25-TiO_2 和 DMAc,在室温搅拌 10 h 后备用,其配方如表 3-3 所示。

表 3-3　TiO_2 光催化层涂膜液的配方

膜编号	TiO_2/PVDF	LiCl/PVDF	H_2O/PVDF	DMAc/PVDF
T-1	1:6	2.5:6	1:6	40:6
T-2	3:6	2.5:6	1:6	40:6
T-3	6:6	2.5:6	1:6	40:6
T-4	12:6	2.5:6	1:6	40:6

将脱气处理后的涂膜液 A 用厚度为 300 μm 的刮刀涂于 PET 承托层上,并迅速将含有不同含量 P25-TiO_2 的涂膜液 B 用 330 μm 的刮刀涂于湿膜上。将制得的膜材料迅速浸入乙醇中,大约 2 s 后转入水中以去除 DMAc 和添加剂并完成相转换过程。将膜取出干燥,即得不同 TiO_2 含量的光催化蒸馏膜 T-0(无 TiO_2 涂层)、T-1、T-2、T-3 和 T-4。

3.1.3　响应紫外光自清洁蒸馏膜的表征

为获得制备的不同 TiO_2 含量的自清洁蒸馏膜的微观结构,通过现代物理分析手段 SEM、FTIR、XRD、AFM、平均孔径、孔径分布、孔隙率和静态水接触角来分析其表面形态、晶体结构、多孔结构和疏水性,这些表征方法和第 2 章 2.1.3 中介绍的一致,在此便不再赘述。

3.1.4　响应紫外光自清洁蒸馏膜的性能测试

为了测试制备的不同 TiO_2 含量的自清洁蒸馏膜的脱盐性能,使用实验室自制的 DCMD 装置,装置如图 2-1 所示。为了测试制备的光催化蒸馏膜的光催化性能,采用配备石英冷阱的光催化反应器,选用 14 W 紫外灯作为光催化剂的激发光源,光催化反应器如图 3-1 所示。

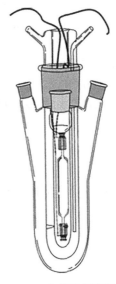

图 3-1　光催化反应器

同时,将 DCMD 装置进行改进并配备上 14 W 的紫外灯,构建光催化–膜蒸馏装置以测试制备的自清洁蒸馏膜在该装置中的性能,如图 3-2 所示。

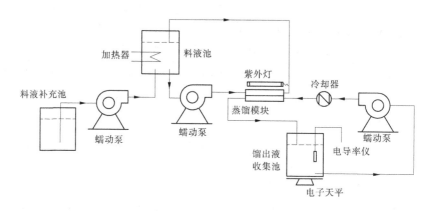

图 3-2　光催化–膜蒸馏装置

采用 DCMD 装置对制备的膜材料进行脱盐实验,实验的运行方式、膜渗透通量和脱盐率计算方式均与第 2 章介绍的一致,在光催化–膜蒸馏反应器中进行实验则需打开紫外灯。在光催化–膜蒸馏实验中,料液侧为 15 mg/L 的 RhB 溶液,DCMD 装置运行方式与脱盐实验一致。RhB 的浓度可由紫外可见分光光度法测定。先将 1 000 mg/L 的 RhB 溶液稀释至 50 mg/L,然后分别取 1 mL、3 mL、5 mL、10 mL、15 mL 和 25 mL 溶液,并将其稀释至 50 mL。在最大吸收波长 $\lambda_{\max} = 552$ nm 处测量其吸光度,得出吸光度和 RhB 浓度的关系,并绘制吸光度和浓度的关系曲线。RhB 溶液的标准曲线方程为 $y = 0.187\,4x - 0.006\,9$,$R^2 = 0.999\,8$,如图 3-3 所示。

通过标准曲线方程,可计算 RhB 的浓度,RhB 的截留率可由式(3-1)估算:

$$R_{\mathrm{RhB}} = \frac{C_{f,\mathrm{RhB}} - C_{p,\mathrm{RhB}}}{C_{f,\mathrm{RhB}}} \times 100\% \qquad (3\text{-}1)$$

RhB 在光催化和光催化膜蒸馏实验中的降解率则由式(3-2)估算:

$$\eta_{\mathrm{RhB}} = \frac{C_{0,\mathrm{RhB}} - C_{t,\mathrm{RhB}}}{C_{0,\mathrm{RhB}}} \times 100\% \qquad (3\text{-}2)$$

式中:$C_{f,\mathrm{RhB}}$、$C_{p,\mathrm{RhB}}$ 分别为热、冷水侧 RhB 的浓度;$C_{0,\mathrm{RhB}}$、$C_{t,\mathrm{RhB}}$ 分别为 RhB 的初始浓度和不同时间降解后的 RhB 的浓度。

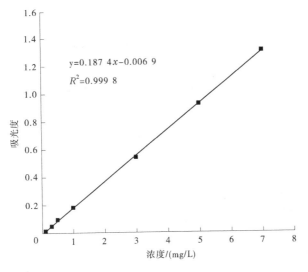

图 3-3　RhB 的标准曲线

3.2　结果与讨论

3.2.1　P25-TiO$_2$ 的结构分析(SEM 和 XRD)

对购买的 P25-TiO$_2$ 纳米光催化剂的表面形态和晶体结构进行了表征,其 SEM 图谱和 XRD 图谱如图 3-4 所示。图 3-4(a)、(b)为 P25-TiO$_2$ 纳米光催化剂不同倍率的 SEM 图谱,从图中可以看出 P25-TiO$_2$ 是粒径约为 50 nm 的小颗粒,但容易发生团聚现象。图 3-4(d)为 P25-TiO$_2$ 的 XRD 图谱,其图谱与 TiO$_2$ 的标准图谱[(JCPDS 卡片 No.21-1272)和(JCPDS 卡片 No.21-1276)]一致,这表明 P25-TiO$_2$ 由钛锐矿和金红石两种晶型构成,且主要成分为钛锐矿。在 2θ 为 25.3°、37.8°、48.0°、53.8°和 55.0°的特征峰属于钛锐矿 TiO$_2$,分别对应(101)、(004)、(200)、(105)和(211)晶面。而属于金红石晶型 TiO$_2$ 的特征峰出现在 2θ 为 27.452°和 62.767°,对应(110)和(002)晶面。SEM 和 XRD 结果表明 P25-TiO$_2$ 为钛锐矿和金红石混合晶型的纳米颗粒。

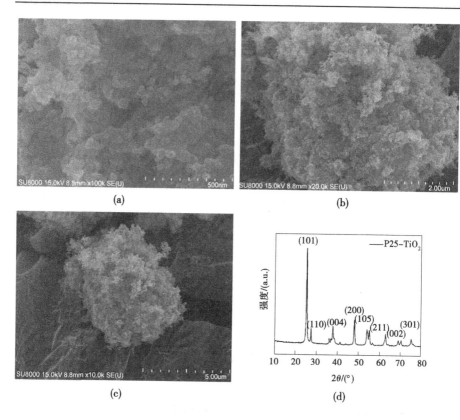

图 3-4　P25-TiO$_2$ 的 SEM 图谱和 XRD 图谱

3.2.2　TiO$_2$ 基自清洁蒸馏膜的结构分析

3.2.2.1　不同 TiO$_2$ 含量的自清洁蒸馏膜的 SEM 分析

为研究制备的不同 TiO$_2$ 含量的自清洁蒸馏膜的表面形态和微观孔结构，对不同 TiO$_2$ 含量的平板膜进行 SEM 测试，其表面形态如图 3-5 所示。由图 3-5 可知，不同 TiO$_2$ 含量的自清洁蒸馏膜均具有多孔结构，但是 SEM 图谱只能定性地研究膜表面孔结构，而不能获得准确的膜材料的孔结构信息。样品 T-0~T-4 被标记为（a1）~（a3）、（b1）~（b3）、（c1）~（c3）、（d1）~（d3）和（e1）~（e3）。从图 3-5 中可以看出，随着 TiO$_2$ 纳米材料含量的增加，膜孔内和表面的纳米颗粒越来越多。由图 3-5（e3）可知，过量的 TiO$_2$ 容易在膜表面积聚形成板结，而在图 3-5（b）~（d）中却没有出现该现象。TiO$_2$ 纳米材料在膜表面的团聚现象可能会导致膜孔径减小。Rahimpour 等的研究表明，随着

TiO$_2$ 含量的提高,膜的渗透通量会有所下降。适量的 TiO$_2$ 纳米材料对于平衡自清洁蒸馏膜的渗透通量和光催化活性具有重要意义。

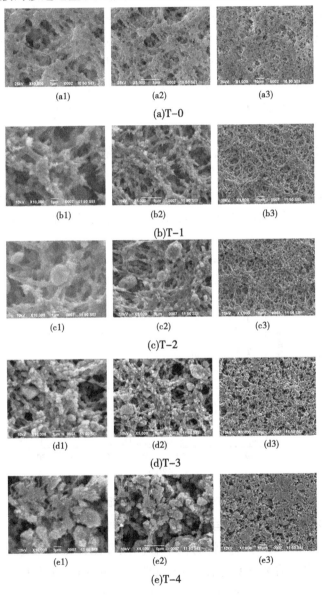

图 3-5　不同 TiO$_2$ 含量的自清洁蒸馏膜的 SEM 图谱

3.2.2.2　不同 TiO_2 含量的自清洁蒸馏膜的 XRD 分析

XRD 可用来研究纳米材料和膜材料的晶体结构,不同 TiO_2 含量的自清洁蒸馏膜的晶型由 XRD 测量分析,其结果如图 3-6 所示,制备的自清洁蒸馏膜在 $2\theta=17.8°$、$22.7°$ 和 $25.7°$ 的特征峰分别对应 α 晶相的(100)、(111) 和(120) 晶面,$2\theta=20.6°$ 和 $20.8°$ 的特征峰分别对应 β 晶相的(200) 和(110) 晶面。这表明 TiO_2 的引入并不破坏 PVDF 本身的晶体结构。在膜 T-2~T-4 中 2θ 为 $25.3°$、$37.8°$、$48.0°$、$53.8°$ 和 $55.0°$ 的位置出现了属于钛锐矿 TiO_2 的特征峰,且峰的强度越来越大,这与膜面 TiO_2 含量的提高有关。在膜 T-4 中,属于 PVDF 的特征峰基本消失,这是因为随着光催化涂层中 TiO_2 含量的增加,属于 TiO_2 纳米材料的衍射峰变强并将 PVDF 固有的衍射峰掩蔽。并且膜 T-3 和膜 T-4 的衍射峰强度类似,这表明在膜 T-3 表面 $P25-TiO_2$ 的含量基本饱和,这和后续实验结果(孔隙率实验)一致,即膜表面不能容纳太多的光催化剂材料。

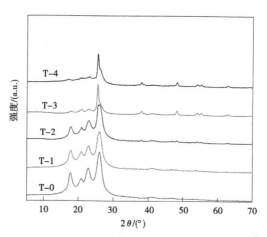

图 3-6　不同 TiO_2 含量的自清洁蒸馏膜的 XRD 图谱

3.2.2.3　不同 TiO_2 含量的自清洁蒸馏膜的 FTIR 分析

通过 FTIR 可分析膜材料的化学官能团和晶体结构信息,制备的不同 TiO_2 含量的自清洁蒸馏膜均采用具有 ATR 模块的 FTIR 来分析,结果如图 3-7 所示。由图 3-7 可知,制备的自清洁蒸馏膜样品在波数为 1 170 cm^{-1} 和 1 280 cm^{-1} 出现特征峰,属于官能团 $-CF_2$。在波数为 840 cm^{-1} 和 880 cm^{-1} 出现的特征峰,表明自清洁蒸馏膜中有非晶相的存在。制备的自清洁蒸馏膜中同时

存在 α 晶相(特征峰出现在波数为 1 070 cm^{-1} 和 1 400 cm^{-1})和 β/γ 晶相(特征峰出现在波数为 1 180 cm^{-1} 和 1 280 cm^{-1})以下出现的宽的吸收峰属于 TiO$_2$ 的特征峰,且 TiO$_2$ 的吸收峰强度越来越大。但是光催化蒸馏膜 T-3 和膜 T-4 中 TiO$_2$ 的吸收峰大致一样,这表明在膜 T-3 表面 TiO$_2$ 纳米材料的固定量已经达到最大值。

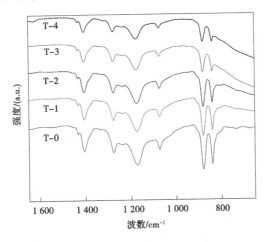

图 3-7　不同 TiO$_2$ 含量的自清洁蒸馏膜的 FTIR 图谱

3.2.2.4　不同 TiO$_2$ 含量的自清洁蒸馏膜的孔隙率分析

　　孔隙率是影响膜蒸馏渗透性能的重要参数,不同 TiO$_2$ 含量的自清洁蒸馏膜的膜厚和孔隙率结果如图 3-8 所示。由图 3-8 可知,自清洁蒸馏膜的孔隙率随 TiO$_2$ 含量的增加而提高至 74.8%(T-2),当 TiO$_2$ 含量继续增加,膜的孔隙率则有所减小。这可能是在相转换过程中,TiO$_2$ 与非溶剂水的作用力较强,加快了相转换速度而导致膜孔的形成时间变短。随着光催化涂层中 TiO$_2$ 含量的增加,膜厚度由 178.25 μm(T-0)增加至 202.5 μm(T-3),随后降至 197.35 μm(T-4)。TiO$_2$ 光催化层对孔隙率和膜厚均有一定的影响。孔隙率测试实验中,为了使正辛醇完全润湿制备的疏水膜材料,需要进行 2 h 的超声脱气处理。由于超声振荡的原因,装有膜 T-4 的正辛醇变得浑浊,这是过量的 P25-TiO$_2$ 在膜表面吸附不牢固的表现,这表明 PVDF 膜不能固定太多的 TiO$_2$,即膜 T-4 不适合长期用于膜蒸馏实验。

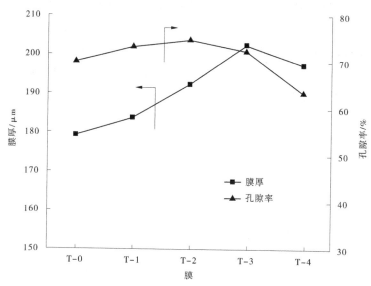

图 3-8　不同 TiO_2 含量的自清洁蒸馏膜的膜厚和孔隙率

3.2.2.5　不同 TiO_2 含量的自清洁蒸馏膜的疏水性分析

　　相关文献中报道的 TiO_2 基 PVDF 光催化多为亲水膜材料,而膜蒸馏过程需要用到疏水的膜材料,为了验证制备的自清洁膜是否适合应用于膜蒸馏实验中,对其表面静态水接触角进行测试分析以考察其疏水性能,结果如图 3-9 所示。由图 3-9 可知,TiO_2 基光催化复合膜的静态水接触角分别为 105.714°(T-0)、106.277°(T-1)、116.322°(T-2)、127.915°(T-3)和 103.522°(T-4)。随着 TiO_2 含量的增加,膜的静态水接触角由 105.714°(T-0)增加至 127.915°(T-3),静态水接触角可提高约 22°。这可能是 TiO_2 光催化层提高了膜表面的粗糙度,以及光催化涂层中 PVDF 固有的疏水性共同作用的结果。但是当 TiO_2 含量继续增加时,TiO_2 在膜表面板结且其自身的亲水性会导致膜表面接触角变小。静态水接触角测试结果表明 TiO_2 光催化涂层的引入不仅在膜表面形成了具有光催化作用的 TiO_2 层,同时可提高膜的疏水性。疏水性的提高可提升膜的抗润湿能力。TiO_2 使膜材料具有光催化作用,进而可消除吸附在膜表面的有机物,从而削弱或消除浓度极化现象,这对制备的光催化蒸馏膜材料的应用具有重要意义。

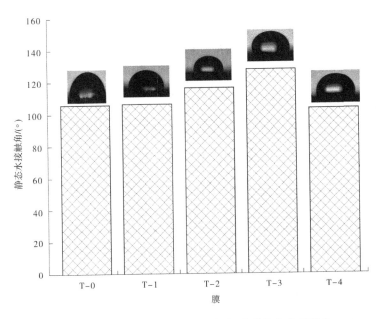

图 3-9　不同 TiO_2 含量的自清洁蒸馏膜的静态水接触角

3.2.2.6　不同 TiO_2 含量的自清洁蒸馏膜的平均孔径和孔径分布分析

膜的平均孔径和孔径分布影响膜蒸馏的渗透通量,采用毛细管孔径分析仪对制备的不同 TiO_2 含量的自清洁蒸馏膜的平均孔径和孔径分布进行测试,结果如图 3-10 所示。由图 3-10 可知,制备的自清洁复合蒸馏膜的平均孔径随着 TiO_2 含量的增加而逐渐变小,平均孔径分别为 742.9 nm(T-0)、739.4 nm(T-1)、604.3 nm(T-2)、572.7 nm(T-3)和 462.2 nm(T-4)。膜平均孔径的变小可能是 TiO_2 纳米材料缩短了膜孔的形成时间,也可能是 TiO_2 嵌入膜孔而造成膜孔堵塞引起的。TiO_2 纳米粒子不仅使膜的平均孔径变小,也使膜的孔径分布范围变窄,且越来越集中于平均孔径。虽然,由纳米材料引起的孔径分布范围变窄有利于膜蒸馏实验,但孔径变小可能会导致膜的渗透通量变小。因此,整体上分析制备的自清洁蒸馏膜的孔结构,TiO_2 光催化涂层的引入可能会使膜的渗透通量变小。

3.2.2.7　不同 TiO_2 含量的自清洁蒸馏膜的 AFM 分析

表面粗糙度是研究膜性能的重要参数,为了研究不同 TiO_2 含量对自清洁蒸馏膜表面形貌和粗糙度的影响,对制备的自清洁蒸馏膜进行 AFM 分析,测试范围为 100 μm×100 μm,结果如图 3-11 所示。膜 T-0、膜 T-1、膜 T-2、

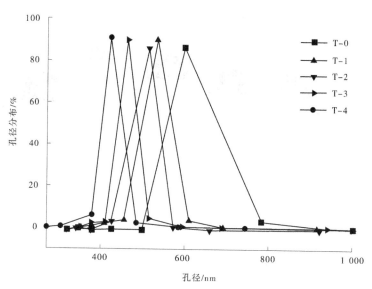

图 3-10　不同 TiO_2 含量的自清洁蒸馏膜的平均孔径和孔径分布分析

膜 T-3 和膜 T-4 的 AFM 结果分别对应图 3-11 中的图(a)、(b)、(c)、(d)和(e)。1、2 和 3 分别对应膜材料的三维形貌图、二维形貌图和粗糙度数据。图 3-11(a1)~(d1)和图 3-11(a2)~(d2)的 AFM 图谱比较清晰,而图 3-11(e1)和图 3-11(e2)则相对模糊。这可能是因为在 AFM 测试过程中,膜 T-4 表面 TiO_2 固定不牢固,在探针和膜表面距离很近时产生的静电力使 TiO_2 发生位移,从而导致膜面形貌图变得模糊。这和前面的实验结果一致,膜表面对 TiO_2 的容纳能力有限,其含量在膜 T-3 中已经饱和。通常使用 S_q 来表示膜表面的粗糙度,图 3-11(a3~e3)结果显示 TiO_2 基自清洁蒸馏膜的 S_q 值分别为 0.52 μm(T-0)、0.61 μm(T-1)、0.62 μm(T-2)、0.75 μm(T-3)和 0.75 μm(T-4),即膜表面的粗糙度随 TiO_2 含量的增加而有所提高,这与膜表面的静态水接触角测试结果基本一致,即膜表面的粗糙度越大其疏水性越强。

3.2.3　TiO_2 基自清洁蒸馏膜的脱盐性能测试

研制 TiO_2 基 PVDF 自清洁蒸馏膜的目的是使蒸馏膜具有光催化特性,但前提是要保证自身的蒸馏性能。采用自制的 DCMD 装置,以 35 g/L 的 NaCl 水溶液考察了制备的不同 TiO_2 含量的自清洁蒸馏膜的脱盐性能,并将结果与市售膜(MB)进行比较。装置运行参数为:蠕动泵转速 50 r/min(流量约为 5.4 L/h),冷、热侧的温度分别为 20 ℃ 和 60 ℃。如图 3-12 所示,制备的 TiO_2

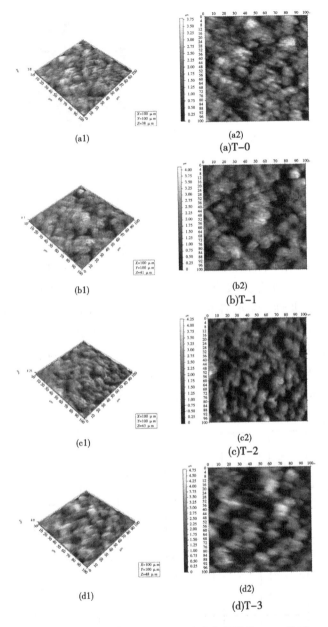

图 3-11　不同 TiO_2 含量的自清洁蒸馏膜的 AFM 分析

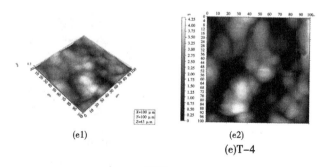

(e1)　　　　　　　　　　　　(e2)

(e)T-4

续图 3-11

基自清洁蒸馏膜的渗透通量分别为 15.36 kg/(m² · h)（T-0）、15.25 kg/(m² · h)（T-1）、15.12 kg/(m² · h)（T-2）、14.83 kg/(m² · h)（T-3）和 12.88 kg/(m² · h)（T-4），均高于 MB 膜的 10.5 kg/(m² · h)。随着 TiO₂ 复合量的增加，制备的自清洁蒸馏膜渗透通量有所下降，这可能是因为膜的平均孔径变小，但是渗透通量并没有明显下降，这是因为 TiO₂ 光催化涂层可以提高膜表面的疏水性，疏水性的提高有助于膜通量的增加。相比于膜 T-0~T-3，膜 T-4 渗透通量下降得更多，这可能是膜孔径和疏水性同时变小共同导致的。所有膜的馏出液电导率均低于 10.0 μS/cm，即自清洁蒸馏膜的脱盐率均高于 99.99%。也就是说光催化涂层的引入并没有破坏底膜的基本性能，采用双层涂覆技术制备光催化蒸馏膜是可行的。

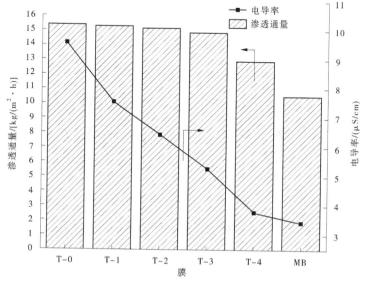

图 3-12　制备的不同 TiO₂ 含量的自清洁蒸馏膜的脱盐性能

3.2.4 TiO₂ 基自清洁蒸馏膜的光催化性能测试

考察制备的自清洁蒸馏膜的光催化性能对其在膜蒸馏过程中的应用研究是必要的。将制备的不同 TiO_2 含量的自清洁蒸馏膜（10 cm×5 cm）浸入含有 300 mL 浓度为 15 mg/L 的 RhB 溶液的光催化反应器内，评价其光催化性能，该反应器配有 14 W 的紫外灯。如图 3-13 所示，在紫外灯照射 6 h 的情况下，自清洁蒸馏膜对 RhB 的降解率分别为 14.28%（无膜）、15.85%（T-0）、65.78%（T-1）、78.616%（T-2）、90.11%（T-3）和 96.31%（T-4）。无膜的空白实验和没有引入光催化涂层的纯净膜 T-0 对 RhB 的降解率均较低且比较接近，这表明 RhB 在紫外光长时间辐射下可发生缓慢的光解，TiO_2 基自清洁蒸馏膜的光催化活性随着 TiO_2 含量的增加而提高，RhB 的降解率最高可达 96.31%（T-4）。自清洁蒸馏膜在低功率紫外灯照射下对 RhB 的高降解率为膜蒸馏工艺在该类废水处理中的稳定运行提供了技术支持。综合自清洁蒸馏膜结构性能、脱盐及光催化实验等，选用膜 T-3 进行后续光催化膜蒸馏实验。

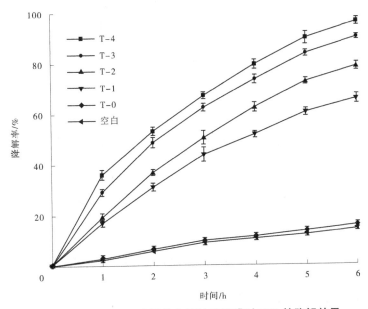

图 3-13 不同 TiO_2 含量的自清洁蒸馏膜对 RhB 的降解效果

3.2.5 膜 T-3 在光催化-膜反应器中的性能测试

鉴于之前的脱盐和光催化实验,以及膜孔隙率测定实验中提到的膜 T-4 存在 TiO_2 固定不牢的情况。因此,选用自清洁蒸馏膜 T-3 来考察其在光催化-膜蒸馏反应器中的性能。装置的运行参数为:膜两侧错流速度为 0.032 88 m/s(流量 5.4 L/h),冷、热侧温度分别控制在 20 ℃和 60 ℃,14 W 紫外灯给予 8 h 光照。膜 T-3 的相对通量(J/J_0)和料液侧 RhB 的降解率如图 3-14 所示。由图 3-14 可知,因为 RhB 在膜表面的吸附和浓度极化,膜初始的相对通量为 0.87。在渗透侧几乎检测不到 RhB,这表明膜 T-3 对 RhB 的截留率高于 99.99%。由于紫外光照射,料液侧 RhB 的降解率能达到 95.3%,从而使膜 T-3 的相对通量由 0.87 提高至 0.96。换句话说,在紫外灯照射下,膜 T-3 可以降解料液侧的 RhB,进而有效消除膜表面的浓度极化,从而使膜蒸馏过程高效稳定运行。

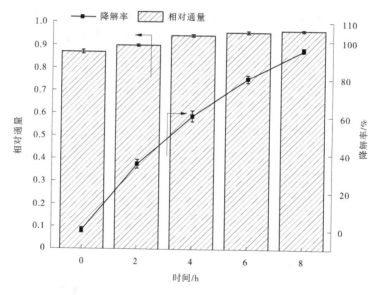

图 3-14 膜 T-3 在光催化-膜反应器中的性能测试

3.2.6 RhB 的降解机制分析

取自清洁蒸馏膜 T-3 对 15 mg/L 紫外光降解 0 h(暗反应后)和 2 h 的样品,在紫外可见分光光度计上扫出全谱[见图 3-15(a)],图 3-15(b)和(c)分别为 RhB 标准样品和反应 2 h 的样品的 LC-MS 图谱。如图 3-15(a)所示,紫外光照 2 h 后,RhB 溶液在最大波长位置的吸光度明显变小,且在其他位置的吸光度也在变小,这说明 RhB 可被 TiO$_2$ 有效降解,并且可明显看出反应 2 h 后 RhB 的最大吸收波长由 552 nm 偏移至 513 nm 处,即在光催化降解过程中 RhB 的紫外可见吸收峰发生了蓝移,这是 RhB 脱乙基作用造成的。对 RhB 标准样品进行 LC-MS 分析,结果如图 3-15(b)所示,标准样品中主要有一种物质存在,质荷比 M/Z 为 443.2 处的峰即为 RhB 分子离子峰。对经过 2 h 紫外光降解的 RhB 样品进行 LC-MS 分析,结果如图 3-15(c)所示,从图中可以发现在质荷比 M/Z 为 476.2、443.2、418.8、397.7、362.2、148.8、135.9、74.0 和 56.9 的位置均有特征峰出现,它们分别属于 RhB 分子被 2 个羟基羟基化后获得的产物的离子峰(476.2)、RhB 分子离子峰(443.2)、RhB 分子脱去 2 个乙基并羟基化后的产物(418.8)、RhB 分子脱去一个羧基后的离子峰(397.7)、RhB 脱去 3 个乙基和 1 个羧基并被 2 个羟基羟基化的产物(362.2)、乙二胺分子的分子离子峰(74.0)、苯环裂解形成的小分子(148.8、135.9 和 56.9)。由此可见,RhB 的紫外光降解是一个十分复杂的过程,但大致可以归纳为 RhB 的脱乙基作用和羟基化作用,即 RhB 依次脱去乙基,且由 TiO$_2$ 产生的具有氧化作用的羟基将大分子不断氧化为小分子,进而生成 H$_2$O 和 CO$_2$ 的过程。

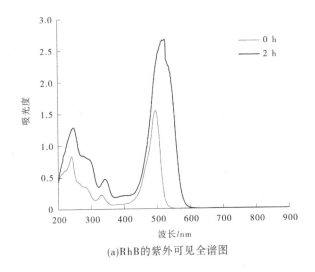

(a)RhB的紫外可见全谱图

图 3-15　RhB 的降解机制

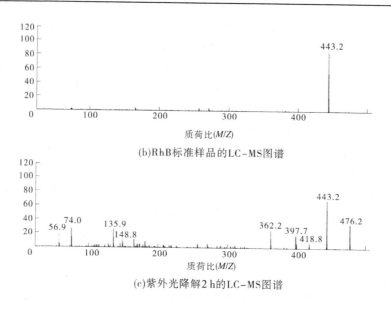

(b)RhB标准样品的LC-MS图谱

(c)紫外光降解2 h的LC-MS图谱

续图 3-15

3.3　本章小结

（1）采用双层涂覆技术制备出不同 TiO_2 含量的自清洁蒸馏膜,并对其表面形态、晶型、孔隙率、粗糙度、平均孔径和疏水性等微观结构进行表征;TiO_2 光催化层可以提高膜的疏水性,自清洁蒸馏膜 T-3 的静态水接触角比膜 T-0 要高约 22°。

（2）膜 T-3 对 NaCl 和 RhB 截留率均高于 99.99%;膜 T-3 在光催化-膜反应器中的实验表明,经过 8 h 紫外光辐射,料液侧 RhB 的降解率可达 95.3%,RhB 的降解主要为脱乙基和羟基化作用,最后被氧化为 H_2O 和 CO_2,蒸馏膜相对通量可由 0.87 提高至 0.96;自清洁蒸馏膜 T-3 可降解料液侧和膜表面的 RhB,进而有效消除膜表面的浓度极化现象,这有助于膜蒸馏工艺在染料废水处理中长期、高效、稳定地运行。

第4章　响应可见光自清洁蒸馏膜改性及性能研究

众所周知,药品及个人护理用品(PPCPs)被广泛应用于家庭、水产养殖、农业和畜牧业,其大量使用会导致水环境受到污染。虽然环境中PPCPs含量还很低,但依然会对人体造成伤害。PPCPs作为新兴污染物已经引起了环保工作者的关注。作为一种应用广泛的广谱抗生素,环丙沙星盐酸盐(CIP)可作为传染性疾病的特效药。但是CIP有严重的副作用,会引起癫痫发作从而导致肌腱破裂和神经损伤。研究表明制药厂废水中CIP含量可达31 mg/L,但是该类废水可生化作用差,常规的废水处理方法不能将其有效降解。膜蒸馏因对抗生素有很好的截留效果而可用来处理抗生素废水。然而,在膜蒸馏过程中,有机污染物会沉积并吸附在蒸馏膜表面,从而导致膜性能受到影响。更换膜组件麻烦且成本较高,为有效清除蒸馏膜表面的有机污染,第3章介绍了将 TiO_2 固定在疏水膜表面以消除膜蒸馏在RhB处理过程中的浓度极化现象。但是, TiO_2 只能响应紫外光,不利于其在生产中应用。众多研究者致力于响应可见光的纳米光催化剂的开发和研制。研究表明, Bi_2WO_6 在可见光下具有良好的光催化性能,且RGO能够提高其光催化活性。因此,本章制备出 RGO/Bi_2WO_6 ,考察了其在可见光下对广谱抗生素CIP的降解活性,并提出 RGO/Bi_2WO_6 可见光下对CIP的降解机制,筛选出性能最佳的 RGO/Bi_2WO_6 。以膜C-3为底膜配方,采用双层涂覆技术,制备出响应可见光的自清洁蒸馏膜,这对膜蒸馏在PPCPs类废水处理中的推广应用具有实际意义。

4.1　实验材料与方法

4.1.1 实验试剂与仪器

4.1.1.1　实验试剂

实验中用到的主要实验试剂在表2-1已有介绍,在此不再赘述。此外,本实验还用到了环丙沙星盐酸盐,如表4-1所示。

表4-1 实验中用到的主要试剂

试剂名称	规格	生产厂家
环丙沙星盐酸盐	分析纯	上海化学试剂厂

4.1.1.2 实验仪器

实验中用到的主要仪器在表2-2中介绍过的,在此不再赘述,此外为了对制备的 RGO/Bi_2WO_6 光催化剂进行表征,也用到了一些仪器,如表4-2所示。

表4-2 实验中用到的主要仪器

仪器名称	型号	生产厂家
光致发光光谱(PL)	FP-6500	日本分光公司
紫外可见漫反射光谱(DRS)	Lambda 950	美国 PE 公司
X 射线光电子能谱仪(XPS)	PHI 5000 Versaprobe Ⅱ	美国 Perkin-Elmer 公司

4.1.1.3 废水水质

模拟海水:以分析纯 NaCl 和去离子水配制质量浓度为 35 g/L 的 NaCl 水溶液。

CIP 模拟废水:采用去离子水配制 500 mg/L 的 CIP 溶液来模拟抗生素废水备用,使用前稀释到特定浓度。

4.1.2 RGO/Bi_2WO_6 基自清洁蒸馏膜的制备

4.1.2.1 RGO/Bi_2WO_6 光催化剂的制备

Bi_2WO_6 和 GO 的制备方法在第 2 章已有介绍,这里不再展开论述。将一定质量的 GO(0 mg、10 mg、20mg、30 mg、40 mg 和 50 mg)分别加入 100 mL 去离子水中,用氨水调节 pH 为 7.5,超声分散 2 h。然后加入 1 g 花状 Bi_2WO_6,搅拌 4 h。最后加入 0.4 mL $N_2H_4 \cdot H_2O$,保持溶液温度为 90 ℃,至 GO 完全还原为 RGO。待溶液冷却至室温,将其过滤,收集滤渣进行洗涤、干燥备用,以 GO 占 Bi_2WO_6 的质量百分比来命名,分别记为 Bi_2WO_6、1% RGO/Bi_2WO_6、2% RGO/Bi_2WO_6、3% RGO/Bi_2WO_6、4% RGO/Bi_2WO_6 和 5% RGO/Bi_2WO_6。

4.1.2.2 响应可见光自清洁蒸馏膜的制备

PVDF 底膜的制备方法和 CNTs-PVDF 膜 C-3 的配方及制备方法一致。简要介绍如下:将 60 mg 的 CNTs、2 g 去离子水、5 g LiCl 加入 79.8 g DMAc 搅拌均匀,后加入 12 g 真空干燥过的 PVDF 粉末,60 ℃搅拌 48 h 形成均一的溶液。然后将其转入 60 ℃烘箱中静置脱气 12 h 备用,记为涂膜液 A。RGO/Bi₂WO₆(RGO 质量分数为 2%)光催化层涂膜液 B 则在室温搅拌 10 h 后备用,其配方(质量比)如表 4-3 所示。

表 4-3　RGO/Bi₂WO₆ 光催化层涂膜液的配方

膜编号	RGO/Bi₂WO₆/PVDF	LiCl/PVDF	H₂O/PVDF	DMAc/PVDF
RB-1	1:6	2.5:6	1:6	40:6
RB-2	3:6	2.5:6	1:6	40:6
RB-3	6:6	2.5:6	1:6	40:6
RB-4	12:6	2.5:6	1:6	40:6

将涂膜液 A 用厚度为 300 μm 的刮刀涂于 PET 承托层上形成湿膜,并迅速将含有 RGO/Bi₂WO₆ 的涂膜液 B 用厚度为 330 μm 的刮刀涂于湿膜上,立即将其浸入无水乙醇中大约 2 s,转入水浴中以去除 DMAc 和添加剂并完成固化成膜过程;将膜取出干燥,即得不同 RGO/Bi₂WO₆ 含量的光催化蒸馏膜 RB-0(无 RGO/Bi₂WO₆ 涂层)、RB-1、RB-2、RB-3 和 RB-4。

4.1.3　RGO/Bi₂WO₆ 基自清洁蒸馏膜的表征

4.1.3.1　光致发光光谱(PL)

光催化剂的光学特性可由 PL 光谱得到,此外,光生电子在催化剂表面的转移,氧缺陷和空穴等信息也可由 PL 光谱读出。PL 光谱以氙灯为光源,激发波长为 325 nm,对制备的纳米材料进行荧光分析,测试范围为 350～700 nm。

4.1.3.2　紫外可见漫反射光谱(DRS)

DRS 被用来研究光催化剂的光学特性,从 DRS 图谱中可以大致得到光催化剂的光吸收区域,判断催化剂对光的吸收性能。DRS 的测试范围为 300～800 nm,参比为 BaSO₄。

4.1.3.3　X 射线光电子能谱(XPS)

XPS 是基于光电效应的电子能谱,被用来研究材料的元素成分,可进行定性、定量或半定量及价态分析。从其图谱中也能分析出 GO 的还原程度。

此外,对制备的 RGO/Bi₂WO₆ 光催化剂进行了 SEM、FTIR 和 XRD 表征;对制备的响应可见光的自清洁蒸馏膜进行了 SEM、FTIR、XRD、AFM、平均孔径、孔径分布、孔隙率和疏水性表征,这些表征方法和第 2 章 2.1.3 中介绍的一致,在此不再赘述。

4.1.4　RGO/Bi$_2$WO$_6$ 基自清洁蒸馏膜的性能测试

4.1.4.1　制备的 RGO/Bi$_2$WO$_6$ 可见光活性测试

一个配备有石英冷阱的光催化反应器被用来考察制备的花状 Bi$_2$WO$_6$ 和不同 RGO 复合量的 RGO/Bi$_2$WO$_6$ 纳米材料的光催化性能,500 W 氙灯作为模拟可见光源,给予 3 h 的光照处理。CIP 模拟废水的体积为 250 mL。为使催化剂和污染物充分接触,对反应液进行 300 r/min 的磁力搅拌。所有光催化反应前均进行 30 min 的暗反应,以实现催化剂和 CIP 分子之间吸附和脱吸附平衡。每半小时取样,样品经 0.45 μm 滤膜过滤处理后,在 CIP 最大吸收波长 λ_{max} = 277 nm 处测试其吸光度,来评价 RGO/Bi$_2$WO$_6$ 复合光催化剂的光催化活性。

CIP 的浓度和吸光度之间的关系,由紫外可见分光光度法来确定。分别取 500 mg/L 的 CIP 溶液 0.1 ml、0.3 ml、0.5 ml、0.7 mL、0.9 mL、1.5 mL、2.0 mL 和 2.5 mL,并将其稀释至 50 mL。在 CIP 最大吸收波长 λ_{max} = 277 nm 处测量其吸光度,得出吸光度和浓度的关系,并绘制吸光度和浓度的关系曲线,如图 4-1 所示。

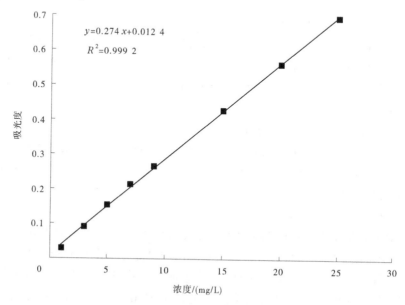

图 4-1　CIP 浓度与吸光度的关系

通过标准曲线 $y = 0.274x + 0.0124$,可由吸光度计算 CIP 的浓度,CIP 的降解率(η_{CIP})可由式(4-1)估算:

$$\eta_{CIP} = \frac{C_{0,CIP} - C_{t,CIP}}{C_{0,CIP}} \times 100\% \tag{4-1}$$

式中:$C_{0,CIP}$ 为 CIP 的初始浓度(30 min 暗反应后 CIP 的浓度),mg/L;$C_{t,CIP}$ 为不同光催化反应时间后 CIP 的浓度,mg/L。

4.1.4.2 制备的响应可见光的自清洁蒸馏膜的脱盐性能测试

同样,制备的不同 RGO/Bi$_2$WO$_6$ 含量的自清洁蒸馏膜要具备优异的脱盐性能,自清洁蒸馏膜的渗透通量和脱盐率采用实验室自制的 DCMD 装置测试,其装置、运行工艺和性能的评价方式与第 2 章介绍的一致,在此不做展开。

4.1.4.3 制备的响应可见光的自清洁蒸馏膜的光催化性能测试

将不同 RGO/Bi$_2$WO$_6$ 含量的自清洁蒸馏膜(10 cm×5 cm)置于 300 mL 含有 10 mg/L 的 CIP 模拟废水中,并给予 500 W 模拟可见光照射 7.5 h。每 1.5 h 取样一次,在 CIP 最大吸收波长 $\lambda_{max} = 277$ nm 处测量其吸光度来评价自清洁蒸馏膜的光催化性能,其对 CIP 的降解率(η)同样可由式(4-1)估算。

4.1.4.4 制备的响应可见光自清洁蒸馏膜的自清洁性能测试

采用 DCMD 装置考察自清洁蒸馏膜对 CIP 的截留性能,装置运行参数为蠕动泵转速 50 r/min,冷、热侧温度分别为 20 ℃ 和 60 ℃,初始料液为 800 mL 水,补充液为 500 mg/L 的 CIP。冷侧的 CIP 浓度同样采用紫外可见分光光度计来测量其吸光度进行分析,CIP 的截留率(R_{CIP})可由式(4-2)估算。经过 180 h 长时间运行,对自清洁蒸馏膜进行水洗和 1~3 h 的可见光辐射处理。通过膜相对通量(J/J_0)的恢复情况来判断 RGO/Bi$_2$WO$_6$ 基自清洁蒸馏膜的自清洁性能(J_0 为膜的初始通量,J 为膜的实时通量)。

$$R_{CIP} = \frac{C_{f,CIP} - C_{p,CIP}}{C_{f,CIP}} \times 100\% \tag{4-2}$$

式中:$C_{f,CIP}$ 为料液测 CIP 的初始浓度,mg/L;$C_{p,CIP}$ 为渗透侧 CIP 的浓度,mg/L。

4.2 结果与讨论

4.2.1 RGO/Bi$_2$WO$_6$ 光催化剂的表征及光催化性能研究

4.2.1.1 花状 Bi$_2$WO$_6$ 的形成机制(SEM 分析)

为深入理解花状 Bi$_2$WO$_6$ 纳米材料的形成机制,选取不同水热时间(0 h、

0.5 h、1 h、2 h、3 h 和 4 h)的产物进行相关研究。对不同水热时间的产物进行 SEM 测试,其表观形貌如图 4-2(a) ~ (f)所示。图 4-2 表明花状 Bi_2WO_6 的形成符合自组装和奥斯特瓦尔德成熟机制。如图 4-2(a)所示,制备 Bi_2WO_6 的两种溶液混合后,随机生成不同尺寸的粒子。180 ℃水热条件下,在过饱和介质中, Bi_2WO_6 开始由微小的晶核慢慢生长,最后形成花状 Bi_2WO_6。在初始的 1 h 反应时间里,产物的颗粒由大慢慢变小。当反应时间达到 2 h 时, Bi_2WO_6 不规则的晶核通过初始结晶过程开始形成。当反应时间达到 3 h 时,完整的花状 Bi_2WO_6 纳米材料已经形成,而不规则的颗粒完全消失。整个结果表明花状 Bi_2WO_6 是由许多小颗粒生长而成的。继续增加水热反应时间,对 Bi_2WO_6 的花状结构并不产生影响。从图 4-2(f)可清晰地看出制备的花状 Bi_2WO_6 为中空结构。鉴于此,提出 Bi_2WO_6 可能的形成机制如图 4-2(g)所示。

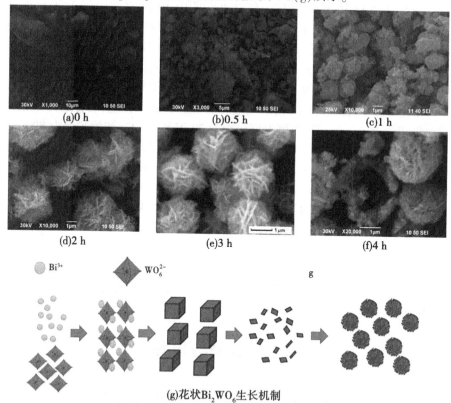

(a)0 h　　　　(b)0.5 h　　　　(c)1 h

(d)2 h　　　　(e)3 h　　　　(f)4 h

(g)花状Bi_2WO_6生长机制

图 4-2　不同水热时间 Bi_2WO_6 的 SEM 图谱

4.2.1.2　花状 Bi₂WO₆ 的形成机制(XRD 表征和 FTIR 表征)

$$4.2.1.2\quad 花状\ Bi_2WO_6\ 的形成机制(XRD\ 表征和\ FTIR\ 表征)$$

为进一步理解花状 Bi_2WO_6 的形成机制,选取水热时间 0 h、0.5 h、1 h、2 h、3 h 和 4 h 的产物分别做 FTIR 表征和 XRD 表征,对其化学官能团和结晶度进行分析,结果如图 4-3 所示。图 4-3(a)为不同水热时间的样品的 FTIR 图谱,所有样品的红外吸收在波数为 1 380 cm⁻¹ 位置出现相同的属于 W—O—W 的特征峰。随着水热时间的增加,样品在波数为 1 000 cm⁻¹ 以下的特征峰,由一个宽而大的峰变为几个独立的峰,分别属于 Bi—O 和 W—O 的伸缩振动。图 4-3(b)为不同水热时间的 XRD 图谱,水热时间低于 1 h 产物的 XRD 结晶度很低。当反应时间大于 2 h 时,XRD 图谱显示正交晶系的 Bi_2WO_6 开始形成。反应时间为 3 h 和 4 h 形成的 Bi_2WO_6 结晶度也比较相似。因此,综合 SEM、FTIR 和 XRD 表征结果来看,水热时间控制在 3 h 就可以制备出正交晶系的花状 Bi_2WO_6 纳米光催化剂。

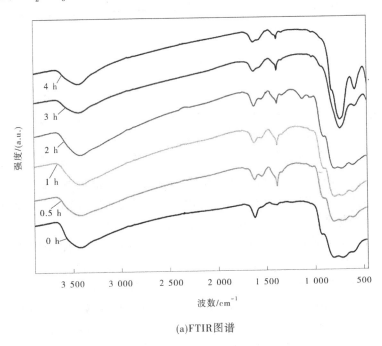

(a)FTIR图谱

图 4-3　不同水热时间的 Bi_2WO_6 的 FTIR 图谱和 XRD 图谱

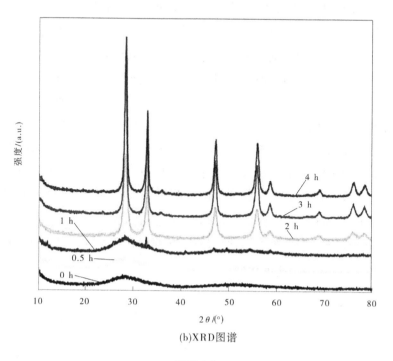

(b)XRD图谱

续图 4-3

4.2.1.3 制备的纯净花状 Bi_2WO_6 和 RGO/Bi_2WO_6 的 XRD 分析

XRD 被用来分析制备的花状 Bi_2WO_6 和 RGO/Bi_2WO_6 复合光催化剂的晶型,如图 4-4 所示。由图 4-4 可知,制备的花状 Bi_2WO_6 纳米材料和正交晶系的 Bi_2WO_6(JCPDS 39-0256)的特征峰一致,对应的晶面为(131)、(002)、(260)和(331)。对比分析 Bi_2WO_6 和 RGO/Bi_2WO_6 的 XRD 图谱,除衍射峰的强度略有变化外,RGO 对 Bi_2WO_6 的晶体结构几乎没有影响。然而,XRD 图谱中 RGO 的特征峰 $2\theta = 26°$ 和 $44°$ 并没有被发现,这可能是因为相比于 Bi_2WO_6,RGO 的衍射强度较弱且 RGO 含量过低。制备的花状 Bi_2WO_6 和 RGO/Bi_2WO_6 复合光催化纳米材料的微晶尺寸分别为 66.12 nm(Bi_2WO_6)、60.11 nm(1% RGO/Bi_2WO_6)、59.98 nm(2% RGO/Bi_2WO_6)、59.14 nm(3% RGO/Bi_2WO_6)、56.77nm(4% RGO/Bi_2WO_6)和 54.08 nm(5% RGO/Bi_2WO_6)。结果表明,随着 RGO 含量的增加,纳米材料的微晶尺寸逐渐变小,这和 Zhang 等的研究结果一致。

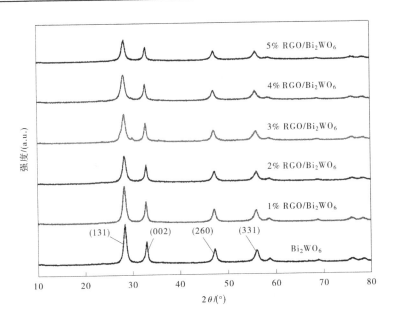

图 4-4　RGO/Bi$_2$WO$_6$ 复合光催化剂的 XRD 图谱

4.2.1.4　制备的 Bi$_2$WO$_6$ 和 2% RGO/Bi$_2$WO$_6$ 的 XPS 分析

XPS 被用来研究 Bi$_2$WO$_6$ 和 RGO 之间电子的相互作用和 GO 的还原程度,其结果如图 4-5 所示。图 4-5(a) 为制备的 Bi$_2$WO$_6$ 和 2% RGO/Bi$_2$WO$_6$ 的 XPS 图谱,其特征峰为 C1s、Bi4f、W4f 和 O1s。如图 4-5(b) 所示,在 159.1 eV 和 164.4 eV 出现的 Bi4f 7/2 和 Bi4f 5/2 的特征峰,表明制备的纯 Bi$_2$WO$_6$ 中 Bi^{3+}的存在。如图 4-5(c) 所示,在 37.6 eV 和 35.4 eV 出现的双峰 W4f 5/2 和 W4f 7/2 则为 Bi$_2$WO$_6$ 中 W^{6+}的特征峰。与纯 Bi$_2$WO$_6$ 相比,RGO/Bi$_2$WO$_6$ 中 Bi4f 和 W4f 的特征峰向更高的结合能发生偏移,这表明 RGO 和 Bi$_2$WO$_6$ 之间存在电子作用力。如图 4-5(d) 所示,GO 拥有 C=C(284.6 eV)、C—O(286.4 eV) 和 C=O(288.6 eV) 峰,然而在 2%RGO/Bi$_2$WO$_6$ 中 C=O 几乎消失不见, C—O 也有很大程度的削弱,这表明在 RGO/Bi$_2$WO$_6$ 的制备过程中,GO 被成功还原为 RGO。

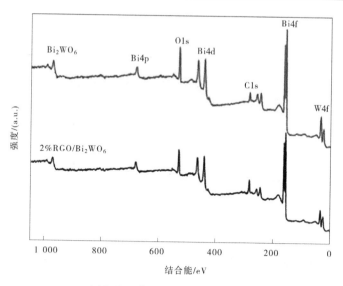

(a)Bi$_2$WO$_6$和2%RGO/Bi$_2$WO$_6$的XPS图谱

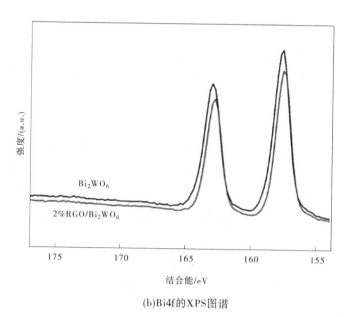

(b)Bi4f的XPS图谱

图 4-5　2%RGO/Bi$_2$WO$_6$ 复合光催化剂的 XPS 图谱

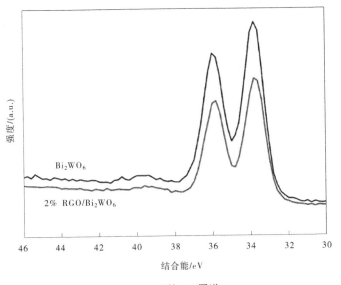

(c)W4f的XPS图谱

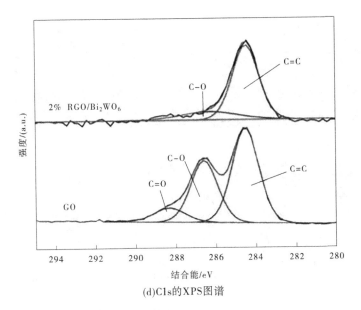

(d)C1s的XPS图谱

续图 4-5

4.2.1.5　制备的花状 Bi_2WO_6 和 RGO/Bi_2WO_6 的 SEM 分析

有研究表明光催化剂的形貌对其光催化活性有着重要影响,SEM 是分析纳米材料形貌的主要手段。对制备的花状 Bi_2WO_6 和不同 RGO 复合量的 RGO/Bi_2WO_6 进行 SEM 测试,并对其表观形貌和尺寸进行大致分析,结果如图 4-6 所示。图 4-6(a)~(c)为制备的纯 Bi_2WO_6 的形貌图,从图中可以发现制备的 Bi_2WO_6 为形貌均一的花状多层结构。不同 RGO 复合含量的 $RGO/Bi_2WO_6(1\%~5\%)$ 的 SEM 如图 4-6(d)~(i)所示。当 RGO 复合量低于 4% 时,其对 Bi_2WO_6 的结构几乎没有影响,然而当 RGO 含量高于 4% 时,Bi_2WO_6 的形貌发生了一些形变,所以 RGO 的复合量不宜过高。此外,RGO 纳米片层在 1% RGO/Bi_2WO_6 和 2% RGO/Bi_2WO_6 复合材料中几乎观测不到,这可能是因为 RGO 为透明结构且含量较低。在 RGO 含量为 3% ~ 5% 的 RGO/Bi_2WO_6 复合光催化剂中则可明显观察到 RGO 的存在,这是因为 RGO 含量的升高形成了积聚现象。因此,合适的 RGO 复合量对于保持花状 Bi_2WO_6 的形貌,即光催化性能具有重要作用。

图 4-6　花状 Bi_2WO_6 的 SEM 图

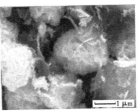

(g)3% RGO/Bi$_2$WO$_6$　　　　(h)4% RGO/Bi$_2$WO$_6$　　　　(i)5% RGO/Bi$_2$WO$_6$

续图4-6

4.2.1.6　制备的 Bi$_2$WO$_6$ 和 RGO/Bi$_2$WO$_6$ 复合光催化剂的 FTIR 分析

FTIR 被用来分析 RGO/Bi$_2$WO$_6$ 复合光催化剂在制备过程中官能团信息的变化和 GO 的还原程度。GO、Bi$_2$WO$_6$ 和不同 RGO 复合量的 RGO/Bi$_2$WO$_6$ 的 FTIR 图谱如图 4-7 所示。由图 4-7(a)可知,在波数为 3 410 cm^{-1} 的特征峰为 GO 的-OH。此外,在波数 1 216 cm^{-1}、1 616 cm^{-1} 和 1 732 cm^{-1} 的振动分别属于 C-O、C=C 和 C=O。由图 4-7(b)可知,不同 RGO 复合量的 RGO/Bi$_2$WO$_6$ 的红外图谱中,很难观察到属于 C=O 和 C-O 的特征峰,这表明 GO 在 RGO/Bi$_2$WO$_6$ 形成过程中被 N$_2$H$_4$·H$_2$O 很好地还原为 RGO。在波数为 400~1 000 cm^{-1} 位置出现的吸收峰则属于 Bi$_2$WO$_6$ 的 Bi-O、W-O 和 W-O-W。红外结果表明水浴的方法制备 RGO/Bi$_2$WO$_6$ 复合光催化剂的方法是可行的。

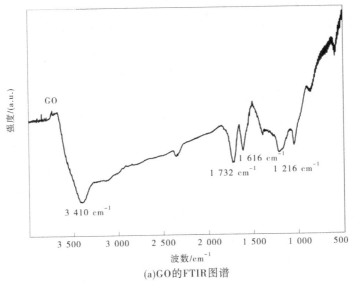

(a)GO的FTIR图谱

图4-7　GO 的 FTIR 图谱和 RGO/Bi$_2$WO$_6$ 复合光催化剂的 FTIR 图谱

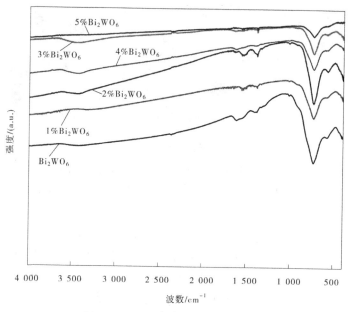

(b)RGO/Bi$_2$WO$_6$复合光催化剂的FTIR图谱

续图 4-7

4.2.1.7　制备的花状 Bi$_2$WO$_6$ 和 RGO/Bi$_2$WO$_6$ 的 DRS 分析

制备的花状 Bi$_2$WO$_6$ 和不同 RGO 复合量的 RGO/Bi$_2$WO$_6$ 光催化剂的 DRS 图谱如图 4-8 所示。由图 4-8 可知,所有的 RGO/Bi$_2$WO$_6$ 复合材料对光的吸收区域均比花状 Bi$_2$WO$_6$ 要宽,即 RGO 的加入拓宽了 RGO/Bi$_2$WO$_6$ 的光响应范围。所有样品的 DRS 图谱中均有一个陡峭的峰形,这表明制备的样品对可见光的吸收得益于带隙的转变。RGO/Bi$_2$WO$_6$ 复合光催化剂对光的吸收范围较纯花状 Bi$_2$WO$_6$ 发生了红移,它们对光的吸收范围分别为 428 nm(Bi$_2$WO$_6$)、473 nm(1% RGO/Bi$_2$WO$_6$)、484 nm(2% RGO/Bi$_2$WO$_6$)、465 nm(3% RGO/Bi$_2$WO$_6$)、460 nm(4% RGO/Bi$_2$WO$_6$)和 440 nm(5% RGO/Bi$_2$WO$_6$)。但是,RGO/Bi$_2$WO$_6$ 复合材料的吸收峰并没有随着 RGO 含量的增加持续发生红移,这个结果与文献中报道的一致。这可能是 RGO 导致电子交互作用的改变以及过量的 RGO 造成的"屏蔽"作用共同影响的结果。半导体纳米材料对光响应范围的提高有助于提高其光催化活性。

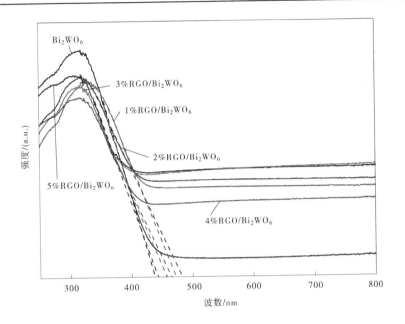

图 4-8　花状 Bi_2WO_6 和 RGO/Bi_2WO_6 复合光催化剂的 DRS 图谱

4.2.1.8　制备的花状 Bi_2WO_6 和 RGO/Bi_2WO_6 的 PL 分析

由于 PL 发射主要是基于光生电子(e^-)-空穴(h^+)的重组引起的,所以 PL 作为一种简单的技术可用来研究半导体材料的光化学性质,PL 发射光谱在确定电子迁移和转移的效率方面非常有用。较低的 PL 强度意味着光生电子-空穴的重组率较低。在光催化过程中,光生电子(e^-)-空穴(h^+)的有效分离可提高半导体光催化材料对有机物的降解效率,有研究指出,PL 峰值越高,光生电子-空穴的复合率也越高,而光催化活性则越弱。图 4-9 为制备的花状 Bi_2WO_6 和不同 RGO 含量的 RGO/Bi_2WO_6 复合光催化剂的 PL 图谱。当激发波长为 325 nm 时,花状 Bi_2WO_6 和 RGO/Bi_2WO_6 复合材料在 430~550 nm 处均有一个很宽的蓝-绿发射峰。在 465 nm 处的蓝色发射峰被认为是 Bi_2WO_6 固有的光发射,这是由 Bi6s 和 O2p 混合价带产生的电子转移到 W5d 的空的导带上引起的。在 525 nm 处出现的绿光吸收峰值是由于晶体生长过程中氧空位的缺陷造成的。RGO/Bi_2WO_6 复合光催化剂的峰均低于花状 Bi_2WO_6,这可能是因为 RGO 可以充当电子转移的介质,提高光生电子-空穴的存活时间,从而降低了光生电子-空穴的复合率。

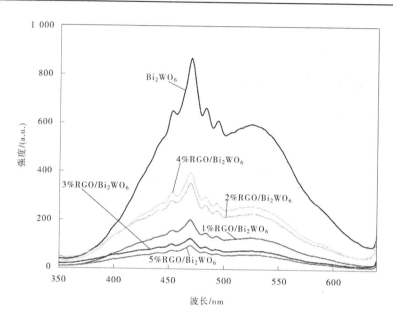

图 4-9　花状 Bi$_2$WO$_6$ 和 RGO/Bi$_2$WO$_6$ 复合光催化剂的 PL 图谱

4.2.1.9　CIP 光降解(空白对照)实验

在研究制备的光催化剂的光催化活性之前,需要先做一些空白对照实验。即将不同浓度的 CIP 溶液置于模拟可见光下,给予一定时间的光照射,分析 CIP 在没有催化剂的情况下的降解情况。因为 CIP 中没有催化剂存在,因此 30 min 的暗反应则没有进行,其余实验条件一致。模拟可见光对 CIP 的降解情况如图 4-10 所示。从图 4-10 中可以看出,经过 3 h 的可见光辐射,CIP 的降解率分别为 20.01%(5 mg/L)、16.25%(7.5 mg/L)、13.41%(10 mg/L)、8.49%(12.5 mg/L)和 4.63%(15 mg/L),光解实验表明 CIP 可在光照条件下缓慢降解,在相同条件下 CIP 的光解效率随浓度的增加而降低。因此,仅依靠光解来消除 CIP 是不可行的,需要研制可见光下对 CIP 有较高降解效率的光催化剂,实现对含 CIP 废水的降解处理。

4.2.1.10　花状 Bi$_2$WO$_6$ 投加量对 CIP 降解的影响

为考察 Bi$_2$WO$_6$ 浓度对 CIP 的降解作用,选取含有 10 mg/L 的 CIP 模拟废水 250 mL,给予 3 h 的模拟可见光辐射。表 4-4 为不同质量的花状 Bi$_2$WO$_6$ 对 CIP 的吸附率(30 min),随着 Bi$_2$WO$_6$ 投加量的增加,其吸附率由 8.07% 增加至 18.14%,这是因为花状 Bi$_2$WO$_6$ 光催化剂投加量的增加可以提供更多的吸附活性位点。如图 4-11 所示,当 Bi$_2$WO$_6$ 质量由 0.1 g 增加至 0.25 g 时,

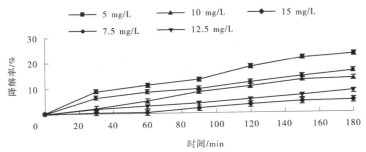

图 4-10　不同浓度 CIP 的光降解实验结果

CIP 的降解率从 41.06% 增加至 65.48%,而当 Bi_2WO_6 质量继续增加至 0.35 g 时,其对 CIP 的降解率却有所下降,仅有 53.12%。分析原因可能是过量的催化剂会诱导催化剂积聚,导致溶液浊度增加,进而提高光催化剂对光的散射作用,从而抑制了光子的利用率并降低光催化剂的活性表面积。因此,通过该实验可知,在 10 mg/L 的 250 mL 抗生素 CIP 废水的模拟可见光降解中,花状 Bi_2WO_6 光催化剂含量对其活性有较大影响,最佳的 Bi_2WO_6 含量为 0.25 g。

表 4-4　不同质量的花状 Bi_2WO_6 对 CIP(10 mg/L)的吸附率

质量/g	0.1	0.15	0.2	0.25	0.3	0.35
吸附率/%	8.07	10.37	13.76	17.08	17.20	18.14

4.2.1.11　CIP 浓度对花状 Bi_2WO_6 光催化性能的影响

为评估 CIP 溶液浓度对花状 Bi_2WO_6 光催化性能的影响,选取了 5 种不同的 CIP 浓度(5 mg/L、7.5 mg/L、10 mg/L、12.5 mg/L 和 15 mg/L),而花状 Bi_2WO_6 光催化剂的质量为 0.25 g。表 4-5 为 0.25 g 花状 Bi_2WO_6 对不同浓度的 CIP 的吸附效果(暗反应 30 min),随着 CIP 浓度的提高,其吸附率由 27.57% 下降至 12.65%,这是因为相同质量的 Bi_2WO_6 的吸附位点有限。如图 4-12 所示,Bi_2WO_6 对 CIP 的降解率与污染物 CIP 的初始浓度有很大的关系。经过 3 h 的可见光照射,当 CIP 浓度由 5 mg/L 增加至 15 mg/L,其降解率分别为 79.62%、70.78%、65.48%、51.56% 和 38.91%。CIP 的降解率随初始浓度升高而明显降低。出现该现象的原因是一定质量的光催化剂只能形成特定数目的光催化活性集团,提高 CIP 溶液的浓度相当于降低了光催化活性集团的浓度。综合考虑,选取 10 mg/L 的 CIP 溶液进行后续实验。

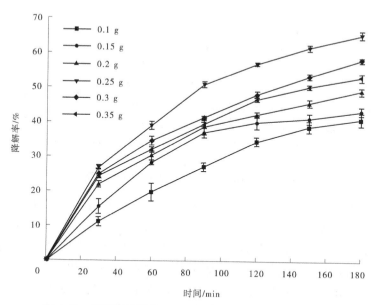

图 4-11　不同质量花状 Bi_2WO_6 对 CIP 的光催化实验结果

表 4-5　0.25 g 花状 Bi_2WO_6 对不同浓度 CIP 的吸附效果

CIP 浓度/(mg/L)	5	7.5	10	12.5	15
吸附率/%	27.57	21.85	17.08	15.11	12.65

4.2.1.12　花状 Bi_2WO_6 和 RGO/Bi_2WO_6 复合光催化剂的光催化活性比较

根据上述实验结果,选用 0.25 g 光催化剂,250 mL 的 CIP 溶液(10 mg/L)给予 3 h 的可见光辐射来进行实验。表 4-6 为 0.25 g 花状 Bi_2WO_6 对不同浓度 CIP 的吸附效果,由表 4-6 可知,经过 30 min 的暗反应,花状 Bi_2WO_6 和 RGO/Bi_2WO_6 复合光催化剂对 CIP 的吸附率由 17.08% 增加为 26.74%,这可能是因为 RGO(表面积较大)复合量的提高增加了复合材料的吸附位点。花状 Bi_2WO_6 和不同 RGO 含量的 RGO/Bi_2WO_6 复合光催化剂对 CIP 的降解率如图 4-13 所示,分别为 65.48%、72.65%、89.2%、79.42%、67.7% 和 61.9%。2%RGO/Bi_2WO_6 复合光催化剂对 CIP 的降解率最高,可以达到 89.2%。降解率的提高可能是由于 RGO/Bi_2WO_6 复合光催化剂中 RGO 充当了光生电子转移的载体,降低了光生电子-空穴的复合率,并且 RGO 拓宽了复合光催化剂

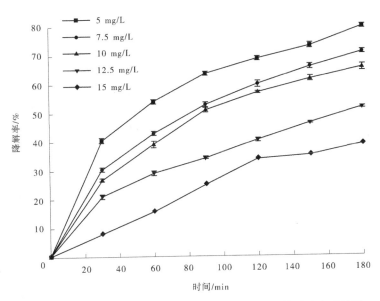

图 4-12　不同 CIP 浓度对花状 Bi_2WO_6 光催化性能的影响实验结果

对光的吸收范围。当 RGO 复合量进一步提高,CIP 的降解率则有所下降,5% RGO/Bi_2WO_6 的光催化性能甚至低于花状 Bi_2WO_6。这可能是因为过多的 RGO 会制约光催化剂对可见光的吸收。因此,RGO/Bi_2WO_6 复合光催化剂中 RGO 通过改变光生电子–空穴复合率和光吸收范围来影响复合光催化剂的光催化性能。

表 4-6　0.25 g 花状 Bi_2WO_6 对不同浓度 CIP 的吸附效果

样品	花状 Bi_2WO_6	1% RGO/ Bi_2WO_6	2% RGO/ Bi_2WO_6	3% RGO/ Bi_2WO_6	4% RGO/ Bi_2WO_6	5% RGO/ Bi_2WO_6
吸附率/%	17.08	17.31	19.32	22.73	24.03	26.74

4.2.1.13　RGO/Bi_2WO_6 复合光催化剂对 CIP 的降解机制

为获得制备的 RGO/Bi_2WO_6 光催化剂可见光条件下对 CIP 的降解机制,分别选取异丙醇、甲醇、乙二胺四乙酸和碘化钾作为 ·OH、·O_2^-、h^+ 和 ·OH 以及 h^+ 的捕获剂。在同样实验条件下考察不同淬灭剂对 2% RGO/Bi_2WO_6 可见光降解 CIP 的影响。实验结果如图 4-14 所示,加入淬灭剂后,CIP 的降解

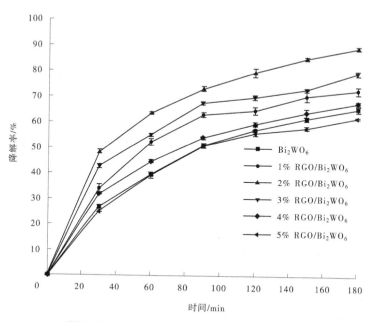

图 4-13 RGO/Bi$_2$WO$_6$ 光催化性能对比实验结果

率均有所降低,这表明在该实验中·OH、h$^+$、·O$_2^-$ 共同作用于 CIP 的可见光降解。在有异丙醇淬灭剂的反应中,CIP 的降解率略有下降,表明·OH 在光催化实验中作用较小,而将·O$_2^-$ 捕获后,CIP 的降解率下降了约 45%,表明·O$_2^-$ 在 CIP 降解实验中作用明显大于·OH,在加入乙二胺四乙酸的光催化实验中,CIP 降解率则降低了约 60%,这表明该实验中 CIP 的降解主要来自于 h$^+$。因此,各氧化物种对 CIP 降解率的贡献为:h$^+$ > ·O$_2^-$ > ·OH,可见光激发 RGO/Bi$_2$WO$_6$ 光催化剂产生的 h$^+$、·O$_2^-$ 和·OH 共同完成 CIP 的降解过程。

　　基于自由基捕获实验的结果,RGO/Bi$_2$WO$_6$ 复合光催化剂在模拟可见光下对 CIP 的降解机制被提出,其原理如图 4-15 所示。Ding 等报道 RGO 在光催化复合材料中具有重要作用。考虑到 Bi$_2$WO$_6$ 的 E_g、E_{CB} 和 E_{VB} 分别为 2.7 eV、0.24 eV 和 2.94 eV。在模拟可见光条件下,Bi$_2$WO$_6$ 价带产生的 e$^-$ 跃迁到导带上后有效地转移至 RGO 上,从而可提高光生电子-空穴对的存活时间。价带上的 h$^+$ 直接与目标污染物 CIP 发生氧化还原作用,因此只有少量的 h$^+$ 可以跟 H$_2$O 生成·OH,而光生电子可与溶液中的溶解氧反应生成·O$_2^-$。CIP 分子可由 h$^+$ 和·O$_2^-$ 进行降解。

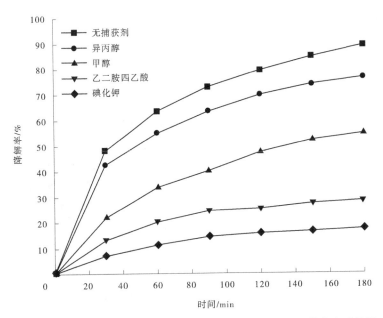

图 4-14　可见光光照下 RGO/Bi$_2$WO$_6$ 光催化剂降解 CIP 的捕获实验结果

4.2.1.14　2% RGO/Bi$_2$WO$_6$ 复合光催化剂的重复利用实验

稳定性和重复利用性是光催化剂优劣的重要评价标准。因此,往往需要设置循环实验来考察制备的光催化剂的稳定性。选用对 CIP 降解效率最高的含 RGO 质量分数为 2% 的 RGO/Bi$_2$WO$_6$ 复合光催化剂来考察其循环利用性能,实验结果如图 4-16 所示。从图 4-16 中可以看出,2% RGO/Bi$_2$WO$_6$ 对 10 mg/L 的 CIP 溶液的 5 次循环降解实验的降解率分别为 89.25%、86.47%、85.53%、84.21% 和 82.45%。经过 5 次循环实验,2% RGO/Bi$_2$WO$_6$ 复合光催化剂的光催化活性基本保持稳定,且溶液中 Bi^{3+} 溶出浓度仅为 2.0 ng/L,这表明制备的 2% RGO/Bi$_2$WO$_6$ 复合光催化剂化学稳定性能以及光催化稳定性能良好,可用于后续响应可见光自清洁蒸馏膜的改性制备与性能研究。

4.2.2　RGO/Bi$_2$WO$_6$ 基自清洁蒸馏膜的性能研究

4.2.2.1　不同 RGO/Bi$_2$WO$_6$ 含量的自清洁蒸馏膜的 FTIR 分析

FTIR 可以用来研究纳米材料和膜的化学官能团信息,为考察自清洁蒸馏膜制备过程中晶型和形态是否发生变化,对不同 RGO/Bi$_2$WO$_6$ 含量的自清洁蒸馏膜进行 FTIR 测试,膜材料的官能团和晶相信息如图 4-17 所示。由

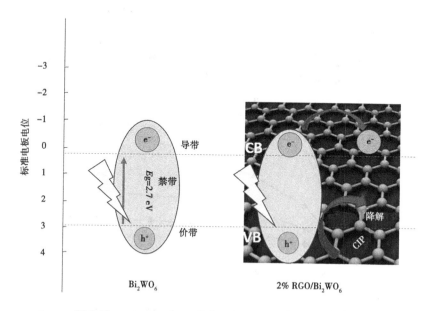

图 4-15　RGO/ Bi$_2$WO$_6$ 复合光催化剂对 CIP 的降解机制

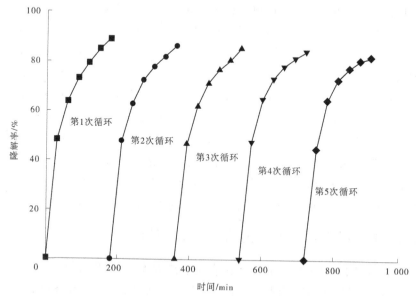

图 4-16　2% RGO/Bi$_2$WO$_6$ 复合光催化剂的重复利用性能实验结果

图 4-17 可知,制备的所有的膜样品在波数为 840 cm^{-1}、880 cm^{-1}、1 070 cm^{-1}、1 180 cm^{-1}、1 280 cm^{-1} 和 1 400 cm^{-1} 位置均有特征峰出现。在 1 180 cm^{-1} 和 1 280 cm^{-1} 出现的特征峰属于 $-CF_2$。从晶相分析,所有的膜材料在波数为 840 cm^{-1} 和 880 cm^{-1} 的吸收峰表明 PVDF 膜材料非晶相的存在,在 1 070 cm^{-1} 和 1 400 cm^{-1} 的吸收峰表明其 α 晶相的存在,而在 1 180 cm^{-1} 和 1 280 cm^{-1} 的吸收峰则表明 β/γ 晶相的存在。从 FTIR 图谱可以看出 RGO/Bi_2WO_6 光催化剂的引入并不破坏 PVDF 的化学结构。而在自清洁蒸馏膜(RB-1~RB-4)的 FTIR 图谱中,在波数为 740 cm^{-1} 出现的吸收峰则属于 Bi_2WO_6 的 W-O-W 的特征峰,且强度随 RGO/Bi_2WO_6 含量的增加而增强。这预示着制备的自清洁蒸馏膜中成功引入了 RGO/Bi_2WO_6 光催化剂。

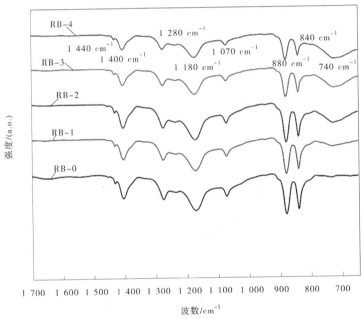

图 4-17　不同 RGO/Bi_2WO_6 含量自清洁蒸馏膜的 FTIR 图谱

4.2.2.2　不同 RGO/Bi_2WO_6 含量的自清洁蒸馏膜的 XRD 分析

XRD 可以用来检测纳米材料的结晶度和膜材料的晶体形态,对制备的不同 RGO/Bi_2WO_6 含量的自清洁蒸馏膜样品进行 XRD 测试,其图谱如图 4-18 所示。由图 4-18 可知,制备的所有膜材料为 α 晶相、β 晶相和 γ 晶相的混合晶型,在 $2\theta = 17.5°$ 和 26.7°出现的特征峰分别对应 α 晶相的(100)和(021)晶面,在 $2\theta = 41.1°$ 出现的特征峰对应 β 晶相的(220)晶面,在 $2\theta = 20.7°$ 和

22.8°出现的特征峰分别对应 γ 晶相的(020)和(111)晶面。但是这些衍射峰的强度随着 RGO/Bi_2WO_6 含量的增加而降低。这表明 RGO/Bi_2WO_6 光催化剂的引入不影响 PVDF 膜的晶体形态,在 RGO/Bi_2WO_6 基自清洁蒸馏膜(RB-1~RB-4)的 XRD 图谱中 $2\theta = 28.3°$、$32.8°$、$47.1°$ 和 $55.8°$ 出现的特征峰对应于正交晶系(131)、(002)、(260)和(331)晶面,且衍射峰的强度随着 RGO/Bi_2WO_6 含量的增加而增强,这表明在膜表面存在的 RGO/Bi_2WO_6 含量越来越多。同时也表明在自清洁蒸馏膜的制备中,Bi_2WO_6 也能很好地保持自己固有的晶型,即在复合蒸馏膜制备过程中,RGO/Bi_2WO_6 可保持自己的光催化属性,从而使得制备的蒸馏膜在后续实验中具有自清洁特性。

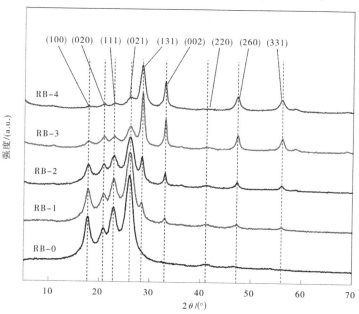

图 4-18 不同 RGO/Bi_2WO_6 含量的自清洁蒸馏膜的 XRD 图谱

4.2.2.3 不同 RGO/Bi_2WO_6 含量的自清洁蒸馏膜的 SEM 分析

SEM 被用来分析制备的不同 RGO/Bi_2WO_6 含量的自清洁蒸馏膜的多孔结构和表面形态,制备的自清洁蒸馏膜的 SEM 图谱如图 4-19 所示。从膜材料的表面形貌图可知,制备的自清洁蒸馏膜材料均具有多孔结构。由图 4-19(a)~(e)可知,随着 RGO/Bi_2WO_6 添加量的增加,膜表面花状多层结构的纳米材料越来越多,且保持自身固有的形貌,这与 XRD 结果一致。有研究表明,纳米光催化剂的形貌影响并决定着其光催化特性。从光催化角度考虑,在 RGO/Bi_2WO_6 基自清洁蒸馏膜的制备过程当中,采用双层涂敷技术引入具有光催化作用的 Bi_2WO_6 的方法是可行的。图 4-19(e)、(f)分别为膜 RB-4 的 SEM 高倍图和低倍图,可以清晰地看到 RGO/Bi_2WO_6 均匀地分散在膜表面和膜孔内,且被 PVDF 高分子材料的链状结构包覆,这使得自清洁蒸馏膜上的 RGO/Bi_2WO_6 光催化材料具有一定的抗水流冲刷能力。

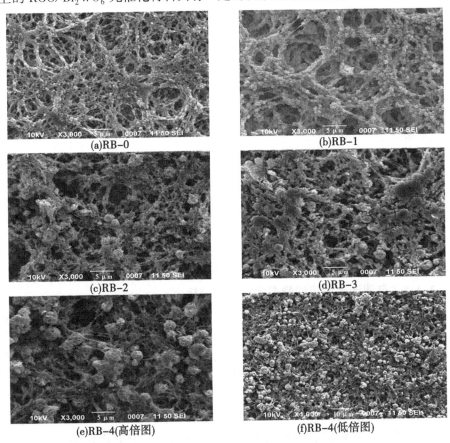

图 4-19　RGO/Bi_2WO_6 基自清洁蒸馏膜的 SEM 图谱

4.2.2.4　自清洁蒸馏膜的平均孔径和孔径分布分析

膜材料的孔结构(平均孔径和孔径分布)与膜蒸馏过程中膜的渗透通量有很大关系,研究表明,膜孔径为 $0.1 \sim 1~\mu m$ 的疏水膜适合用于膜蒸馏过程。制备的蒸馏膜 RB-0 和自清洁蒸馏膜 RB-4 的孔径分布如图 4-20 所示。蒸馏膜 RB-0 和自清洁蒸馏膜 RB-4 的平均孔径分别为 783.5 nm 和 514.6 nm。从图 4-20 中也可以看出,与蒸馏膜 RB-0 相比,自清洁蒸馏膜 RB-4 的孔径分布范围较窄且集中分布于平均孔径附近。这可能是 RGO/Bi_2WO_6 分散在膜孔内或表面引起部分膜孔阻塞引起的。结果表明,RGO/Bi$_2$WO$_6$光催化层的引入使膜的平均孔径变小,这可能会使膜通量有所降低。

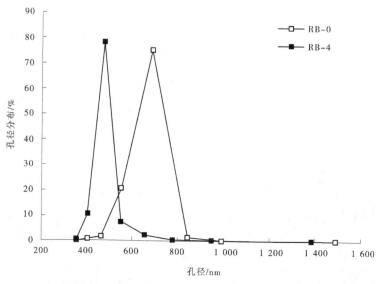

图 4-20　蒸馏膜 RB-0 和自清洁蒸馏膜 RB-4 的孔径分布

4.2.2.5　自清洁蒸馏膜的静态水接触角分析

　　膜表面的静态水接触角为膜疏水性评价的重要参数,即静态水接触角越大,膜表面的疏水性越强,对制备的蒸馏膜 RB-0 和自清洁蒸馏膜 RB-4 进行静态水接触角测试,有助于了解制备的膜材料表面的疏水性。如图 4-21 所示,蒸馏膜 RB-0 和自清洁蒸馏膜 RB-4 表面的静态水接触角分别为 94.13°和 123.93°,RGO/Bi$_2$WO$_6$ 光催化涂层的引入导致自清洁蒸馏膜 RB-4 的静态水接触角远高于蒸馏膜 RB-0(约为 30°)。分析原因,可能是三维花状 Bi$_2$WO$_6$ 的加入导致膜表面粗糙度的增加,进而引起膜表面的疏水性提高。RGO 为疏水的碳纳米材料,表面 RGO 的含量增加也可能是复合膜表面疏水性提高的一个原因。膜表面疏水性的提高将有利于阻止膜的润湿,且有利于提高膜的渗透通量。也就是说 RGO/Bi$_2$WO$_6$ 光催化涂层的引入可提高膜的疏水性并使其具有光催化特性。

4.2.2.6　自清洁蒸馏膜的 AFM 分析

　　AFM 可得到膜材料的表面形貌图和粗糙度等信息,且不造成膜材料的损伤。为深入分析制备的蒸馏膜 RB-0 和自清洁蒸馏膜 RB-4 的表面形貌,对制备的膜材料 RB-0 和 RB-4 进行了 AFM 表征,膜表面的三维形貌图、二维

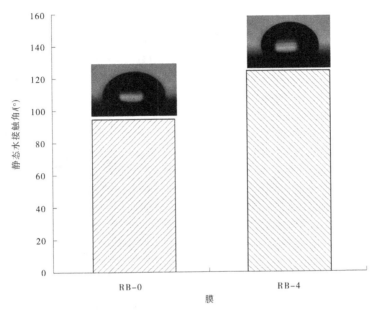

图 4-21　自清洁蒸馏膜 RB-0 和 RB-4 的静态水接触角

形貌图和粗糙度信息如图 4-22 所示。对比蒸馏膜 RB-0 和自清洁蒸馏膜
RB-4 的三维形貌图和二维形貌图,大致可以看出,蒸馏膜 RB-0 的表面相对
平整,而自清洁蒸馏膜 RB-4 因为三维花状 Bi_2WO_6 的引入,表面略有起伏。
为了使样品数据更有代表性,将测试区域设为 100 μm×100 μm。图 4-22(a3)
和(b3)为制得的膜结构的粗糙度信息,从图中数据可知,RGO/Bi_2WO_6 光催
化层的引入使得自清洁蒸馏膜 RB-4 的粗糙度比蒸馏膜 RB-0 的粗糙度有明
显提高,膜表面的粗糙度 S_q 值由 0.46 μm 提高至 0.83 μm,这可归因于
Bi_2WO_6 的三维花状结构,也为膜表面疏水性提高找到直接依据。

4.2.2.7　自清洁蒸馏膜的脱盐性能

选用 35 g/L 的 Nacl 水溶液评价制备的不同 RGO/Bi_2WO_6 含量的自清洁
蒸馏膜的脱盐性能,不同 RGO/Bi_2WO_6 复合量自清洁蒸馏膜的脱盐实验结果
如图 4-23 所示。膜 RB-0 的渗透通量最大,为 15.15 kg/(m²·h),其脱盐率
大于 99.98%。随着 RGO/Bi_2WO_6 添加量的增加,自清洁蒸馏膜的渗透通量
略有下降,由 14.94 kg/(m²·h)降低至 14.52 kg/(m²·h)。制备的自清洁复
合膜材料的渗透通量均高于市售膜 MB[10.5 kg/(m²·h)],且复合膜(RB-1~
RB-4)和膜 MB 的盐截留率均高于 99.99%。结果表明自清洁蒸馏膜的渗透

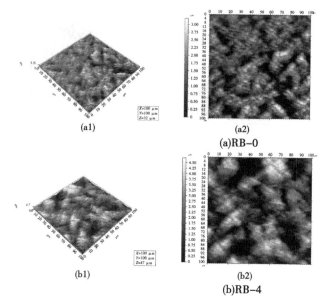

(a1)　　　　　　　　　(a2)

(a)RB-0

(b1)　　　　　　　　　(b2)

(b)RB-4

图 4-22　蒸馏膜 RB-0 和自清洁蒸馏膜 RB-4 的 AFM 分析

(表明三维形貌图、二维形貌图和粗糙度信息)

通量因 RGO/Bi_2WO_6 的引入而略有降低,这可能是由于其平均孔径变小导致的。但是复合膜的渗透通量并没有因孔径变小而明显下降,这得益于自清洁蒸馏膜的膜面粗糙度的提高和疏水性 RGO 的共同作用提高了复合膜的疏水性。由此推测,膜渗透通量的主要影响因素是膜孔径,疏水性为次要因素。

4.2.2.8　不同 RGO/Bi_2WO_6 含量自清洁蒸馏膜对 CIP 的降解实验

蒸馏膜发挥自清洁作用的根本原因是其表面固着的 RGO/Bi_2WO_6 光催化剂能够在光照条件下将吸附在膜表面的有机物质有效降解,从而实现膜的自清洁功能。将制备的自清洁蒸馏膜裁成同样的大小(10 cm×5 cm),并用于对 10 mg/L(300 mL)的 CIP 溶液的模拟可见光实验,来考察制备的不同 RGO/Bi_2WO_6 添加量的自清洁蒸馏膜的光催化性能。如图 4-24 所示,经过 7.5 h 的模拟可见光辐射,制得的不同 RGO/Bi_2WO_6 光催化剂添加量的自清洁蒸馏膜对 CIP 的降解率分别为 7.51%、26.26%、37.05%、50.67% 和 59.95%,光催化活性随着 RGO/Bi_2WO_6 添加量的增加而提高,膜 RB-4 对 CIP 取得最大的降解率(59.95%)。自清洁蒸馏膜对难降解有机物的降解效果会低于悬浮态 RGO/Bi_2WO_6。一个合理的解释是将纳米光催化剂固定在膜表面,这将会降低催化剂的活性面积并提高传质阻力。

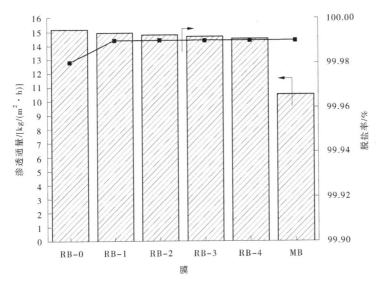

图 4-23　自清洁蒸馏膜的脱盐性能

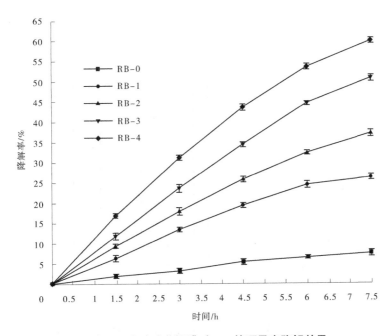

图 4-24　自清洁蒸馏膜对 CIP 的可见光降解效果

4.2.2.9　自清洁实验

蒸馏膜 RB-0 和自清洁蒸馏膜 RB-4 的自清洁实验结果如图 4-25 所示。

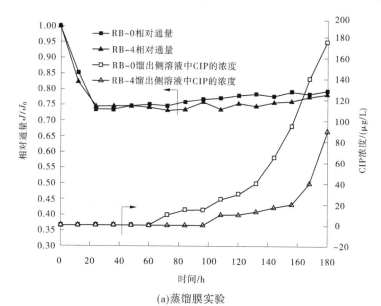

(a)蒸馏膜实验

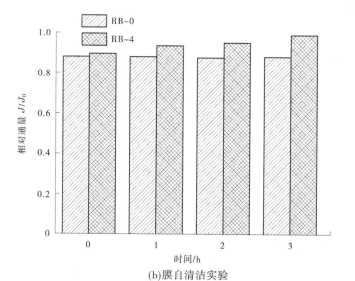

(b)膜自清洁实验

图 4-25　蒸馏膜 RB-0 和自清洁蒸馏膜 RB-4 的自清洁实验结果

图 4-25(a)是以水作为料液,并以 500 mg/L 的 CIP 作为补充液所进行的 180 h 的 DCMD 实验结果。经过最初的 24 h 实验,随着料液侧 CIP 浓度的不断增加,蒸馏膜 RB-0 和自清洁蒸馏膜 RB-4 的相对通量 J/J_0 分别下降至 0.75 和 0.74。这可能是料液侧有机物浓度提高而导致的浓度极化和膜表面 CIP 的不断吸附和沉积所引起的。在随后的 DCMD 实验中,蒸馏膜 RB-0 和自清洁蒸馏膜 RB-4 相对通量基本维持稳定,这可能是因为膜表面 CIP 的吸附量已经达到饱和所致。通过检测馏出侧溶液中的 CIP 含量,发现在膜蒸馏实验进行的前 60 h,馏出侧溶液中并没有检测出 CIP,这表明制备的膜材料对 CIP 有很好的截留效果。当蒸馏实验进行至 180 h 时,馏出侧溶液中 CIP 的含量分别为 175 μg/L(蒸馏膜 RB-0)和 90 μg/L(自清洁蒸馏膜 RB-4)。馏出液中 CIP 浓度的升高,可能是因为料液侧 CIP 的浓缩和 CIP 在膜表面不断地沉积共同导致制备的蒸馏膜 RB-0 和自清洁蒸馏膜 RB-4 膜孔润湿所引起的。而因为自清洁蒸馏膜 RB-4 的疏水性高于蒸馏膜 RB-0,平均孔径低于蒸馏膜 RB-0,所以自清洁蒸馏膜 RB-4 具有更好的抗润湿能力。图 4-25(b)为制备的蒸馏膜 RB-0 和自清洁蒸馏膜 RB-4 的自清洁实验结果。图 4-25(b)中 0 h 为蒸馏膜 RB-0 和自清洁蒸馏膜 RB-4 经过 3 h 清水的清洗实验后,膜的相对通量的恢复结果,蒸馏膜 RB-0 和自清洁蒸馏膜 RB-4 的相对通量分别恢复至 0.88 和 0.89,这表明简单的水洗不能使膜性能完全恢复。对蒸馏膜 RB-0 和自清洁蒸馏膜 RB-4 进行 1~3 h 的模拟可见光辐射,蒸馏膜 RB-0 的相对通量没有发生明显变化,而自清洁蒸馏膜 RB-4 的膜通量则逐渐恢复到 0.99。结果表明,自清洁蒸馏膜 RB-4 在可见光下具有优异的自清洁作用,能够有效地清除吸附在膜表面和膜孔内的 CIP 分子,从而使膜通量恢复至较高水平。

4.3　本章小结

(1)通过研究不同水热时间的 Bi_2WO_6 的 SEM 形貌图、FTIR 图谱和 XRD 图谱,提出了其可能的形成机制为奥斯特瓦尔德熟化机制;3 h 的模拟可见光降解实验表明 2% RGO/Bi_2WO_6 对 CIP(250 mL,10 mg/L)的降解效果最好,可达到 89.2%,是花状 Bi_2WO_6 降解效果的 1.36 倍。循环实验表明,制备的 2% RGO/Bi_2WO_6 具有良好的稳定性,可用于蒸馏膜的自清洁改性实验;RGO/Bi_2WO_6 的降解机制实验表明,CIP 的降解主要为催化剂在可见光下激发的 h^+ 产生的氧化作用,且 RGO 可以充当电子转移的载体,提高 h^+ 的寿命,

进而提高 Bi_2WO_6 的光催化效率。

（2）采用对 CIP 降解效果最好的 2% RGO/Bi_2WO_6 作为光催化涂层，制备出不同 RGO 含量的 RGO/Bi_2WO_6 基自清洁蒸馏膜，并对制备的光催化蒸馏膜的表面形貌、粗糙度、晶型、孔隙率、平均孔径和疏水性等进行表征；RGO/Bi_2WO_6 可以提高膜的疏水性，自清洁蒸馏膜 RB-4 的静态水接触角比蒸馏膜 RB-0 提高约 30°；脱盐实验表明，制备的膜材料渗透通量均高于市售膜（MB），RGO/Bi_2WO_6 光催化涂层虽然降低了膜的平均孔径，但同时提高了其疏水性，因此渗透通量下降不明显；光催化实验表明制备的 RGO/Bi_2WO_6 基自清洁蒸馏膜对 10 mg/L 的 CIP 有很好的降解作用，自清洁蒸馏膜 RB-4 对 CIP 的降解率为 59.95%；蒸馏膜的自清洁实验表明，自清洁蒸馏膜 RB-4 对 CIP 均有很好的截留和降解作用；经过 3 h 的可见光辐射，自清洁蒸馏膜 RB-4 的相对通量可由 0.89 恢复至 0.99。

第 5 章　膜蒸馏过程关键参数及蒸馏模块优化模拟研究

传质系数和温度极化系数是影响膜蒸馏效率的重要参数,蒸馏膜的传质系数对于膜产品研发和研究膜蒸馏过程的动力学过程意义重大。蒸馏膜的传质系数不仅受蒸馏膜孔内的扩散系数、膜的孔隙率、膜孔的弯曲因子、膜厚等自身结构的影响,而且受膜蒸馏工艺运行条件的影响。因此,不能只依赖膜的结构参数估算蒸馏膜的传质系数,而需要同时考虑膜蒸馏实验过程。膜两侧的压力差为膜分离过程的驱动力,由安托尼方程可知膜面温度和膜面压力有密切联系,而膜面温度不能通过实验的方式直接获得。CFD 技术是基于流体力学控制方程而进行的数值模拟,通过 Fluent 6.3 软件对膜蒸馏过程的模拟,可以得到计算区域的温度、速度等信息。将仿真模拟得到的膜面温度代入安托尼方程,可获得膜两侧压力,结合膜蒸馏渗透通量实测值可获得蒸馏膜的传质系数。

在膜蒸馏过程中同时伴随着热量和质量的传递,该过程会导致冷、热侧膜面温度不同于膜两侧流体通道内的温度,该现象为温度极化,可通过温度极化系数来描述。温度极化系数可用来表示由于热边界层存在而导致的热损失,温度极化系数越大,热损失越小。膜蒸馏模块热利用率的提高有利于膜蒸馏渗透通量的提高。在模块上设置导流网,对膜蒸馏模块进行改进,通过评价温度极化系数来分析其提高膜渗透通量的可能。

很多研究都集中于膜产品的研发而很少有关于膜蒸馏模块的改进研究,这可能是因为膜蒸馏模块设计改进耗时长、经济成本高。本章的主要内容为:①通过建立 DCMD 的 CFD 三维模型来研究膜蒸馏过程中的热量变化,并得到膜面温度信息,进而求得膜面的压力差 ΔP;采用 DCMD 装置,结合不同条件下制备的自清洁蒸馏膜 RB-4 的渗透通量,进而确定自清洁蒸馏膜 RB-4 的传质系数,为研究膜蒸馏过程传质动力学提供依据。②通过 Fluent 6.3 模拟软件建立不同膜蒸馏模块的二维模型,考察进水流速、导流网位置和尺寸对膜蒸馏过程膜面剪切力。膜面温度以及温度极化系数的影响,为膜蒸馏模块的设计提供建议和方法。

5.1　实验材料与方法

5.1.1　控制方程

直接接触式膜蒸馏可被描述为以下三个过程:①料液侧膜表面水的汽化;②气体在蒸气压的作用下通过膜孔;③气体被冷侧水液化收集。在料液侧、冷侧和膜之间的热传递基本处于稳定状态,Fluent 6.3 是基于连续方程、动量方程和能量方程等控制方程而进行的数值模拟:

(1)连续方程:

$$\nabla \cdot (\rho \vec{v}) = 0 \tag{5-1}$$

(2)动量方程:

$$\nabla \cdot (\rho \vec{v} \vec{v}) = -\nabla p + \nabla \cdot (\bar{\bar{\tau}}) + \vec{\rho} g \tag{5-2}$$

其中 $\bar{\bar{\tau}}$ 可描述为:

$$\bar{\bar{\tau}} = \mu \left[(\nabla \vec{v} + \nabla \vec{v}^{\mathrm{T}}) - \frac{2}{3} \nabla \cdot \vec{v} I \right] \tag{5-3}$$

(3)能量方程:

$$\nabla \cdot (\vec{v} \rho C_p T) = \nabla \cdot (k \nabla T) + S_h \tag{5-4}$$

式中:∇ 为哈密顿算子;t 为时间,s;ρ 为密度,kg/m³;$\vec{v}$ 为流速,m/s;P 为水蒸气压,Pa;$\bar{\tau}$ 为应力张量,kg/m²;T 为温度,K;C_p 为材料的比热容,J/(kg·K);S_h 为能量传递方程的源项。

5.1.2　膜蒸馏传质系数的确定

水蒸气通过膜的传质方程如式(5-5)所示:

$$J = K_w (P_{m,h} - P_{m,c}) = K_w \cdot \Delta P \tag{5-5}$$

式中:J 为膜的渗透通量;K_w 为膜的传质系数;$P_{m,h}$ 为热侧膜面压力;$P_{m,c}$ 为冷侧膜面压力。

膜的渗透通量也可由实验方式得到,且满足式(5-6)。

$$J = \frac{\Delta m}{A \cdot \Delta t} \tag{5-6}$$

式中:Δm 为一定时间内馏出侧水的质量差;A 为膜的有效面积;Δt 为膜蒸馏时间。

联合式(5-5)和式(5-6)可知,膜传质系数和膜两侧压力差 ΔP 密切相关。

膜面的水蒸气分压(纯水)可由经验式(5-7)(安托尼方程)估算。

$$P = \exp\left(23.238 - \frac{3\,841}{T_m - 45}\right) \tag{5-7}$$

式中:P 为膜面的水蒸气分压,Pa;T_m 为膜面平均温度,K。

膜面温度则通过 Fluent 6.3 仿真模拟得到。利用 Gambit 软件对膜蒸馏实验使用的 DCMD 模块建立模型,图 5-1 为蒸馏模块的 CFD 模型图和实物图。如图 5-1(a)所示,模型有效面积为 10 cm×5 cm,冷、热侧流道高均为 0.1 cm,膜厚设为 0.2 mm,流体在膜两侧采用错流方式运行。因膜两侧通道内水的流量远高于膜的渗透通量,因此假定膜是不透水的,即在膜两侧流体通道之间没有质量传递。膜材料的导热系数设为 0.2 W/(m·K)。将膜两侧的进水口设为速度入口,出口设为压力出口。进水速度分别为 0.071 64 m/s、0.119 4 m/s、0.167 2 m/s 和 0.214 9 m/s,转换为流体通道内膜两侧错流速度则为 0.019 73 m/s、0.032 88 m/s、0.046 04 m/s 和 0.059 21 m/s,其雷诺数为 97.51~292.53。速度、能量和连续性收敛残差系数设为 $1×10^{-9}$。在低雷诺数条件下,流体在通道内的流动形态为层流,单方程模型(SA)耗时较短,且已被证实与双方程模型($k-w$)结果一致,因此采用单方程模型进行数值模拟。动量方程的离散化采用高阶格式 QUICK,而对于能量和湍流方程则采用相对简单的幂律格式。

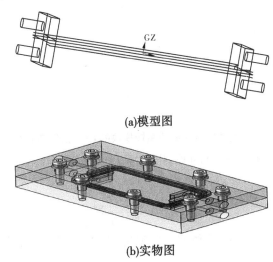

(a)模型图

(b)实物图

图 5-1　膜蒸馏模块的 CFD 模型图和实物图

自清洁蒸馏膜 RB-4 的纯水渗透通量采用实验室自制的 DCMD 装置,膜两侧的温度通过恒温水浴槽控制,膜蒸馏冷、热侧的进水流速则由蠕动泵通过调节转速来控制,在此不再详细叙述。在 DCMD 通量测试实验过程中,需要记录冷、热侧进出水的温度,并用来率定 CFD 模拟结果的准确度。

5.1.3　蒸馏模块的优化

为考察不同导流网设计对膜蒸馏模块的影响,利用 Gambit 软件建立 DCMD 膜蒸馏模块的二维模型(实验所用模块沿水流方向的截面)。模型大小:冷、热侧流体通道为 1 mm × 100 mm,膜厚设为 0.2 mm,导流网直径分别为 0 mm[见图 5-2(a)]、0.2 mm[见图 5-2(b)]、0.4 mm[见图 5-2(c)]、0.6 mm[见图 5-2(d)]和 0.8 mm[见图 5-2(e)],流体在膜两侧采用错流方式运行。冷热侧温度分别设为 293 K 和 333 K,模块流体通道内错流速度分别为 0.01 m/s、0.03 m/s、0.05 m/s、0.1 m/s 和 0.2 m/s,其余参数均与膜蒸馏传质系数确定一致。

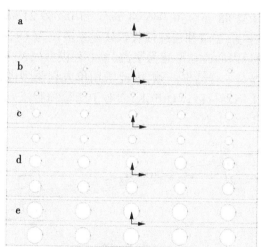

图 5-2　不同直径导流网膜蒸馏模块的 CFD 模型细节放大图

导流网在流体通道内的作用通过温度极化系数(TPC)来评价,可由式(5-8)估算:

$$TPC = \frac{T_{m,f} - T_{m,p}}{T_f - T_p} \tag{5-8}$$

式中:$T_{m,f}$、$T_{m,p}$ 分别为热、冷侧的膜面温度;T_f、T_p 分别为热、冷侧流体通道内平均温度。

$(T_{h,i} + T_{h,o})/2$ 和 $(T_{c,i} + T_{c,o})/2$,$T_{m,f}$,$T_{m,p}$,$T_{h,i}$,$T_{c,i}$,$T_{h,o}$ 和 $T_{c,o}$ 均来自 Fluent 6.3 数值模拟结果。膜理论渗透通量则结合自清洁蒸馏膜 RB-4 的传质系数估算。

5.2　结果与讨论

5.2.1　膜蒸馏传质系数的确定

5.2.1.1　CFD 模拟膜面温度云图

将 Gambit 软件构建的 DCMD 蒸馏实验模型导入 Fluent 6.3 软件,按两个工况来设置参数:工况 1:模块流道内错流速度设为 0.032 88 m/s,料液侧温度分别设为 323 K、333 K、343 K 和 353 K,冷侧温度均设置为 293 K;工况 2:料液侧温度设为 333 K,冷侧温度设为 293 K,冷、热侧流道内错流速度分别设为 0.019 73 m/s、0.032 88 m/s、0.046 04 m/s 和 0.059 21 m/s。运算完成后两个工况的冷、热侧膜面和模块截面的温度云图如图 5-3 和图 5-4 所示。如

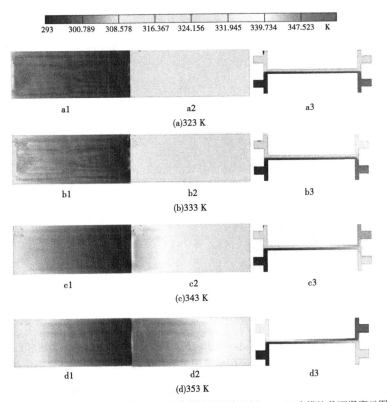

注:a1~d1 为冷侧膜面温度云图;a2~d2 为热侧膜面温度云图;a3~d3 为模块截面温度云图。

图 5-3　不同热侧温度的 CFD 模拟结果

图 5-3 所示,随着料液温度的升高,冷、热侧膜面和模块截面温度均变大。如图 5-4 所示,随着膜两侧错流速度的提高,冷侧膜面温度变小,热侧膜面温度则变大,这是因为流体速度的提高可削弱膜面滞留层的厚度并降低膜两侧流体的热交换时间。但是当膜面错流速度较小时,膜面温度分布不均匀,这将不利于膜蒸馏的传质传热过程,在后续实验中,设计了相关实验对膜蒸馏模块进行改进,以提高膜蒸馏膜块的传质传热性能。

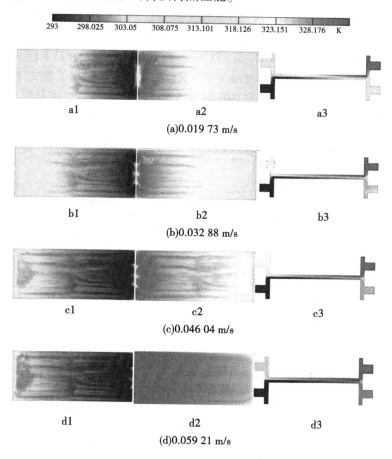

注:a1~d1 为冷侧膜面温度云图;a2~d2 为热侧膜面温度云图;a3~d3 为模块截面温度云图。

图 5-4　不同错流速度的 CFD 模拟结果

5.2.1.2　自清洁蒸馏膜 RB-4 在 DCMD 中的纯水渗透通量实验

　　为获得制备的疏水膜纯水渗透通量,选取自清洁蒸馏膜 RB-4,采用直接接触式膜蒸馏装置来完成测试,结果如图 5-5 所示。图 5-5(a)为控制冷、热侧

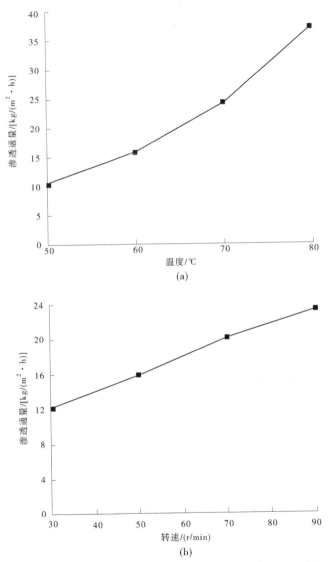

图 5-5　通量随料液侧温度的变化图和随入口流速的变化图

流道内错流速度为 0.032 88 m/s,调节料液侧温度来获得不同条件自清洁蒸馏膜 RB-4 的渗透通量。随着料液温度的提高,膜的渗透通量也随之提高,分别为 10.62 kg/(m² · h)、15.90 kg/(m² · h)、24.27 kg/(m² · h) 和 37.28 kg/(m² · h)。这可能是因为较高的温度可以提供较大的蒸气通过膜孔的驱动力,且能产生更多的水蒸气。图 5-5(b) 为控制料液温度为 60 ℃,通过调节蠕动泵转速改变冷、热侧流道内膜面错流速度分别为 0.019 73 m/s（30 r/min）、0.032 88 m/s（50 r/min）、0.046 04 m/s（70 r/min）和 0.059 21 m/s（90 r/min）。随着错流速度的提高，膜的渗透通量也随之增大，分别为 12.17 kg/（m² · h）、15.90 kg/（m² · h）、20.16 kg/（m² · h）和 23.30 kg/（m² · h）。这是因为提高膜两侧流体的错流速度可以增大膜面湍流程度，减小膜面滞留层的厚度，削弱温度极化现象，进而使膜的渗透通量提高。

5.2.1.3　DCMD 实验和 CFD 模拟得到的温度参数比较

膜在运行过程中及 CFD 模拟冷、热侧进出口的温度值和冷、热侧膜面的温度模拟值如表 5-1 所示。从表 5-1 可以看出，CFD 模拟的冷、热侧出口的温度与实际运行过程中的结果基本一致，最大偏差为 9.60%，这表明 CFD 仿真模拟的结果可信度较高。膜面和进出口温度是通过后处理软件 TECPLOT 对模拟温度云图中不同位置进行赋值并求平均值得到的，其规律大致为：控制进水流速，随着料液侧温度的提高，冷、热侧膜面温度均增加；控制料液温度，随着进水流速的提高，热侧膜面温度提高，冷侧膜面温度则呈现下降的趋势。

表 5-1　膜在运行过程中及 CFD 模拟冷、热侧进出口的温度和冷、热侧膜面的温度模拟值

转速/ （r/min）	$T_{h,i}$/ ℃	$T_{h,o}$/ ℃	$T'_{h,o}$/ ℃	偏差/ %	$T_{c,o}$/ ℃	$T'_{c,o}$/ ℃	偏差/ %	$T_{m,h}$/ ℃	$T_{m,c}$/ ℃
50	50	39.6	39.44	0.4	26.0	23.49	9.6	39.92	24.47
50	60	47.0	46.01	2.1	28.3	28.51	0.74	46.01	28.51
50	70	53.8	52.22	2.9	29.5	30.88	5.3	55.19	29.67
50	80	61.0	59.16	3.0	32.6	33.88	3.9	62.59	32.59
30	60	44.2	45.11	2.1	28.8	30.01	4.2	45.11	30.01
50	60	47.0	46.01	2.1	27.3	28.51	4.4	46.01	28.51
70	60	48.0	48.57	1.2	26.0	25.96	0.2	48.57	25.96
90	60	50.8	49.55	2.5	25.3	24.82	1.9	49.55	24.82

注：$T_{h,i}$ 和 $T_{h,o}$ 分别为热侧进、出水口实际温度；$T'_{h,o}$ 为热侧出水口模拟温度；$T_{c,o}$ 和 $T'_{c,o}$ 分别为冷侧出水口温度的实际值和模拟值；$T_{m,h}$ 和 $T_{m,c}$ 为模拟得到的热侧和冷侧的膜面平均温度值。

5.2.1.4　膜两侧压力差与料液温度和进水速度的关系

膜两侧温度差产生的压力差是料液侧水蒸气透过膜孔的驱动力，将表 5-1 得到的膜面平均温度值代入式（5-7）和式（5-5）即可得到冷、热侧膜面压力差，如图 5-6 所示。由图 5-6（a）可知，固定冷、热侧错流速度为 0.032 88 m/s（50 r/min），随着料液侧温度的升高，膜两侧的压力差值逐渐增大，分别为

4 290. 22 Pa(50℃)、6 221. 33 Pa(60 ℃)、11 761. 68 Pa(70 ℃)和 17 573. 38 Pa(80 ℃),由安托尼方程可知,提高料液温度可直接导致料液侧水蒸气分压的提高。如图 5-6(b)所示,固定膜两侧温度分别为 60 ℃和 20 ℃,随着膜蒸馏模块流体通道内错流速度的提高,膜两侧的压力差值也有所提高,分别为 5 412. 48 Pa(30 r/min)、6 221. 33 Pa(50 r/min)、8 162. 13 Pa(70 r/min)和

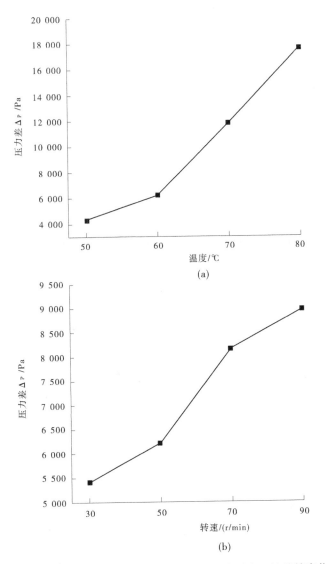

(a)

(b)

图 5-6　膜两侧压力差随热侧温度的变化图和随入口流速的变化图

8 960.54 Pa(90 r/min)。这可能是因为流体速度的提高使流体通道内的水力停留时间变小,即热交换时间变短,并且流速的提高可提高膜表面流体的紊流强度,削弱滞留层的厚度。这些原因共同导致热侧膜面温度变大,冷侧膜面温度变小。对比温度和流速对膜两侧压力的影响可知,温度是影响膜渗透通量的主要因素。

5.2.1.5　不同工况的膜渗透通量与膜两侧压力差的关系

不同工况膜两侧渗透通量与膜两侧压力差的关系,如图 5-7 所示。根据

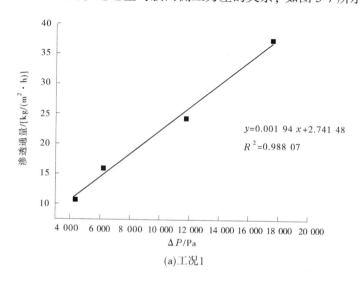

(a)工况1

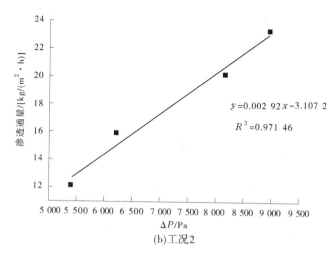

(b)工况2

图 5-7　膜渗透通量与膜两侧压力差之间的关系

式(5-5)可知,膜的渗透通量和膜两侧压力差之间符合线性关系。因此,对不同工况得到的膜渗透通量和压力差作图并进行线性拟合。工况 1:膜两侧错流速度设为 0.032 88 m/s(50 r/min),改变料液温度,得到的拟合方程为 $y = 0.001\ 94x + 2.741\ 48$, $R^2 = 0.988\ 07$;工况 2:固定冷、热侧温度分别为 293 K 和 333 K,改变膜两侧错流速度得到的拟合方程为 $y = 0.002\ 92x - 3.107\ 2$, $R^2 = 0.971\ 46$。因此,通过工况 1 计算出来的传质系数 $K_w = 0.001\ 94$ kg/(m² · h · Pa),由工况 2 得到的传质系数 $K_w = 0.002\ 92$ kg/(m² · h · Pa),明显可以看出膜的传质系数在不同的运行工况下有所不同。因此,在膜传质机制研究中需要综合考虑运行工艺,而不能仅仅以膜本身的参数来确定传质系数。

5.2.1.6　膜渗透通量与膜两侧压力差的关系

　　将工况 1 和工况 2 的数据综合起来得到膜的渗透通量和膜两侧压力差的关系图。如图 5-8 所示,其线性拟合方程为 $y = 0.001\ 94x + 3.276\ 84$, $R^2 = 0.964\ 52$,即疏水膜 RB-4 的传质系数 $K_w = 0.001\ 94$ kg/(m²/h · Pa)。综合图 5-8 可知,膜的渗透通量与膜两侧压力差值基本呈线性关系。膜通量增加的根本原因是膜两侧压力差值的增大。本实验反映的是疏水膜 RB-4 的纯水渗透通量与料液侧温度和进水速度的关系,因为用的是纯水,膜两侧压力计算取两侧水蒸气的分压即可,如果料液为多组分溶液,其压力则应为该组分在气相中的分压值,将疏水膜 RB-4 的传质系数用于膜蒸馏模块的优化研究,可以得到优化后的蒸馏模块通量提高的理论值,从而实现膜通量的预测分析。

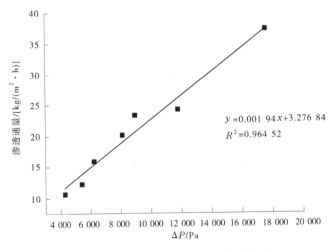

图 5-8　膜通量与膜两侧压力差的关系

5.2.2　膜蒸馏模块的优化研究

5.2.2.1　错流速度对膜蒸馏过程的影响

1. 错流速度对蒸馏模块影响的温度云图分析

为简化蒸馏模块模型,节省 CFD 仿真模拟时间,通过建立膜蒸馏模块的二维模型,采用 Fluent 6.3 仿真模拟的方法考察膜蒸馏模块内错流速度对温度极化系数的影响,设置错流速度分别为 0.01 m/s(a)、0.03 m/s(b)、0.05 m/s(c)、0.1 m/s(d) 和 0.2 m/s(e),其温度分布云图如图 5-9 所示。图 5-9(M)为模拟得到的整个云图,但因长度较长,数据不容易观察,为了方便分析,选取图 5-9(N)[图 5-9(M)的部分细节图],由图 5-9(N)可知,当错流速度很慢时,远离进水端的温度出现了明显的变化。这是较慢的水流速度导致膜两侧的温度交换时间增长所引起的。随着膜两侧错流速度的增加,流体在模块内的停留时间减少,即热交换时间减少,并且膜面滞留层也变薄,从而导致膜面温度更接近流道内液体主体温度,从而可以削弱膜面的温度极化现象。因此,膜蒸馏模块的进水速度不宜过慢。

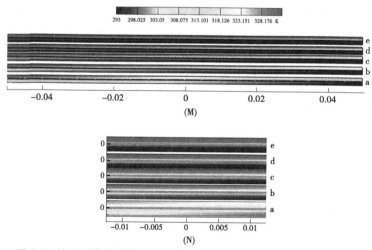

图 5-9　流速对蒸馏模块影响的温度云图[图(N)为(M)的细节图]

2. 错流速度对蒸馏模块膜面剪切力的分析

将 Fluent 6.3 模拟结果中膜面剪切力的相关数据提取出来,对比考察不同错流速度 0.01 m/s、0.03 m/s、0.05 m/s、0.1 m/s 和 0.2 m/s 对膜蒸馏过程中膜面剪切力的影响,其结果如图 5-10 所示。随着膜两侧错流速度的增加,膜面剪切力也呈上升趋势。膜表面剪切力可代表膜表面水体流动的紊流程度,膜表面理想的流动状态为紊流,但是当错流速度较低时,膜表面的剪切力很小,这表明此时膜表面流体基本为层流流动,当错流速度提高至 0.2 m/s时,膜面剪切力出现明显的提高,这表明提高错流速度可以提高膜面的紊流程度,较高的错流速度有利于膜蒸馏过程。

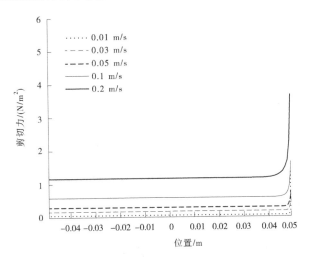

图 5-10　错流速度对膜面剪切力的影响

3. 错流速度对蒸馏膜面温度极化系数的分析

为考察错流速度对膜面温度极化系数的影响,对 Fluent 6.3 模拟的结果进行处理,得到冷、热侧膜面的温度数据和冷、热侧进出水口的温度数据,并由式(5-8)计算出不同流速条件下的温差极化系数,其结果如图 5-11 所示。图 5-11 是错流速度 0.01 m/s、0.03 m/s、0.05 m/s、0.10 m/s 和 0.20 m/s 的膜面平均温度极化系数。因为错流速度的提高,膜面的温度极化系数略有提高,其平均值分别为 0.508、0.519、0.536、0.566 和 0.620,提高错流速度可提高膜蒸馏过程的温度极化系数。当错流速度由 0.01 m/s 增加至 0.20 m/s时,温度极化系数可提高 22.05%。因此,为保证膜有一个较高的渗透通量,膜蒸馏流体通道内两侧的错流速度不能过小。

5.2.2.2　导流网位置对温度极化系数的影响研究

1. 导流网位置对温度和速度影响的云图分布

为考察导流网位置对膜蒸馏过程的影响,通过构建膜蒸馏模块的 CFD 二维模型进行仿真模拟。设置膜两侧错流速度为 0.05 m/s,冷、热侧温度分别

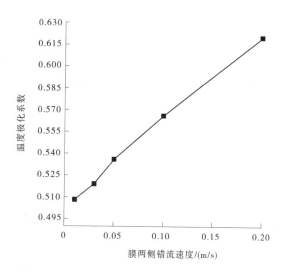

图 5-11　错流速度对蒸馏模块膜面温度极化系数的影响

设置为 20 ℃ 和 60 ℃,导流网的直径为 0.6 mm,分别将导流网设置在流道中间位置[见图 5-2(b)]和紧贴膜面位置[见图 5-2(c)],考察导流网位置对温度极化系数的影响,Fluent 6.3 数值模拟得到的温度云图和速度云图如图 5-12 所示。由模拟结果得到的速度细节云图可知,导流网贴近膜面会使

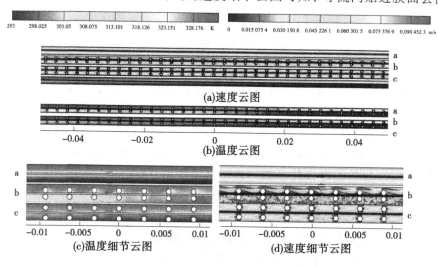

图 5-12　导流网位置对膜蒸馏模块温度和速度分布影响云图

导流网所在位置的温度与流道内主体温度产生较大不同，这是因为导流网的存在使膜表面形成了流体滞留区。而没有设置导流网的温度细节云图显示，远离进水端的位置，热侧膜面温度有明显的降低，冷侧膜面温度则呈现出增大趋势，将导流网设置于流道中间则能削弱该现象。CFD 模拟得到的不同导流网位置对速度影响的细节显示，导流网紧贴膜面时，膜面的水流速度会明显变小，而导流网居中时膜面滞留区最小，滞留区的存在会极大地削弱膜面温度极化系数而不利于膜蒸馏的传质和传热过程。综上所述，将导流网设置于模块中间，可减少滞留区的范围，这对提高膜蒸馏的传质和传热性能具有积极意义。为膜蒸馏模块的设计开发指出方向。

2. 导流网位置对温度极化系数的影响

将 Fluent 6. 3 模拟得到的温度云图中膜面的温度数据提取出来，通过式(5-8)计算出不同模块中膜面的温度极化系数，结果如图 5-13 所示，将不同导流网位置的模块中膜面的温度极化系数求平均值，分别为 0. 536(无导流网)、0. 501(紧贴膜面)和 0. 730(流道中间)。导流网紧贴膜面的模块的温度极化系数反而低于不加导流网的模块，可见并不是随意在流体通道内加入导流网就能提高温度极化系数。将导流网设置于模块中间比紧贴膜面的温度极化系数要高 0. 229。这是因为紧贴膜面的导流网使流体在膜面形成了滞留区，从而不利于传热过程，即降低膜表面的温度极化系数，也就是说将导流网简单置于流体通道内不利于提高膜蒸馏的热利用率。

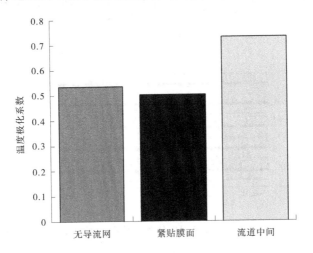

图 5-13　导流网位置对膜面温度极化系数的影响

5.2.2.3 导流网直径对温度极化系数的影响研究

1.导流网直径对温度和速度影响的云图分布

对 Fluent 6.3 模拟结果进行处理可以得到不同直径的导流网对温度和速度分布影响的云图,如图 5-14 和图 5-15 所示。其中,图 5-14(J)为图 5-14(I)的细节放大图,图 5-15(N)为图 5-15(M)的细节放大图。导流网均固定在模块上且位于流体通道中间,这样不仅可以避免在膜表面形成滞留区,也可以减少因摩擦对膜表面结构的磨损。流体通道内进水流速设为 0.05 m/s,图 5-14表明导流网的存在使水流速度在流道狭窄区域变大,并且随着导流网直径的增大,该现象越明显。因为流速和剪切力直接相关,所以流速的增大会增加膜面剪切力。流道内温度分别设为 333 K(热侧)和 293 K(冷侧)。在膜蒸馏过程中,膜两侧流体存在热量交换,热侧膜面温度要低于热侧流道内同位置的温度,而冷侧膜面温度则要高于冷侧流体通道温度,并且这种温度变化随着流道的延长越来越明显。由温度细节图 5-15(N)可知,导流网正下方的温度要更接近流道内温度,这可能是因为导流网改变了流体流向而使膜表面的滞留层变薄而产生的。

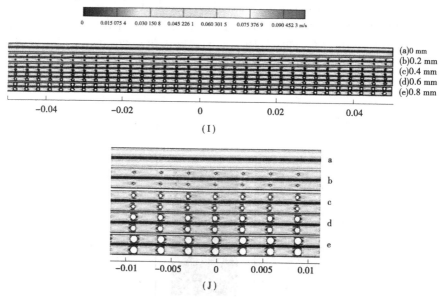

图 5-14　不同导流网直径对应的速度分布云图(J 为 I 的放大图)

2.导流网直径对膜面剪切力的影响分析

膜面剪切力可反映膜面水流的紊流强度,将 Fluent 6.3 模拟的膜面剪切

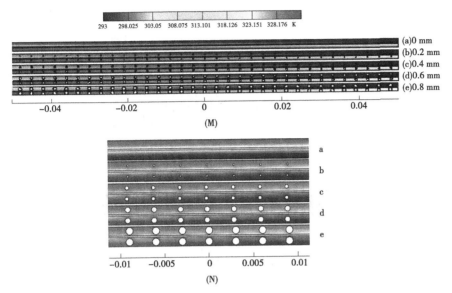

图 5-15　不同导流网直径对应的温度分布云图(N 为 M 的放大图)

力数据导出作图得到导流网直径对膜面剪切力的影响图,如图 5-16 所示。因为料液侧和冷侧结构一致,参数一致,冷、热侧的剪切力规律基本一致,所以图 5-16 只展示了料液侧膜面的剪切力分布图。在没有导流网的模块中,膜面的剪切力很小且几乎无波动。不同导流网的模块初始进水速度一致,均为 0.05 m/s,所以其初始剪切力变化不大。但是在有导流网的位置,剪切力出现明显的波动,且导流网直径越大,剪切力也越大,这表明导流网的存在能够增加膜面流体的扰动。导流网的设置将削弱膜面的滞留层厚度,从而使膜面温度更接近流道内流体主体温度,进而提高膜蒸馏模块的温度极化系数。但是,膜面剪切力的变大对膜的韧性就提出了更高的要求。

3. 导流网直径对温差极化系数的影响

对 Fluent 6.3 模拟的结果进行处理,可得到冷、热侧膜面的温度数据和冷、热侧进出水口的温度数据。导流网直径对温差极化系数的影响结果如图 5-17 所示,不同直径导流网改进的模块的温度极化系数的平均值分别为 0.536、0.641、0.713、0.730 和 0.789。导流网直径的增加使膜面的平均温度极化系数变大,即膜两侧驱动力增大,这将有利于提高蒸馏膜的渗透通量。通过在模块上设置导流网的方式可以将膜蒸馏模块的温度极化系数提高(约 47.20%),并且这是对膜蒸馏模块的直接改进,不需要提供额外的动力。

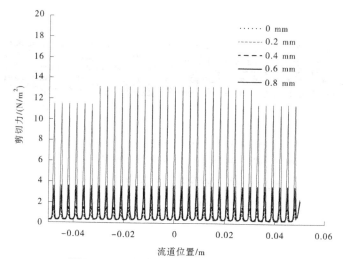

图 5-16　导流网直径对膜面剪切力的影响

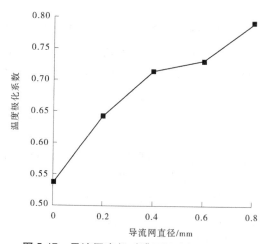

图 5-17　导流网直径对膜面温度极化的影响

4. 导流网直径对膜渗透通量的影响

将模拟得到的冷、热侧膜面温度求平均值,并代入式(5-7)和式(5-5)可求得不同直径导流网模块的膜面压力和压力差,数据如表 5-2 所示,对比模块 CFD 三维模型模拟得到的膜两侧压力差(6 221.33 Pa)和表 5-2 中得到的数据(6 793.50 Pa),压力差的模拟偏差为 9.01%,即二维模拟和三维模拟得到的数据偏差不大,因此之前得到的自清洁蒸馏膜 RB-4 的传质系数 0.001 94 kg/(m² · h · Pa)可用于估算改进的膜蒸馏模块对膜蒸馏通量的理论提高效果,将其代入式(5-5)可求得改进模块的理论膜渗透通量,如图5-18所示。在膜蒸馏模块上设置不同直径的导流网,得到的改进膜蒸馏模块的理论渗透通量分别为 13. 17 kg/(m² · h)(0 mm)、15. 46 kg/(m² · h)(0. 2 mm)、16. 37 kg/(m² · h)(0. 4 mm)、17. 27 kg/(m² · h)(0. 6 mm)和 18. 28 kg/m² · h(0. 8 mm)。综上可知,在蒸馏模块流体通道中间设置直径为 0. 8 mm 的导流网,理论上可将膜的渗透通量提高约 38. 77%。

表 5-2　膜面的温度和压力参数

直径/mm	$T_{m,h}/K$	$T_{m,c}/K$	$P_{m,h}/Pa$	$P_{m,c}/Pa$	$\Delta P_m/Pa$
0	321. 44	304. 57	11 424. 14	4 630. 63	6 793. 50
0. 2	322. 83	303. 18	12 246. 54	4 276. 03	7 970. 50
0. 4	323. 37	302. 61	12 579. 42	4 137. 57	8 441. 85
0. 6	323. 93	302. 15	12 932. 77	4 028. 67	8 904. 09
0. 8	324. 46	301. 36	13 274. 97	3 847. 44	9 427. 53

注:$T_{m,h}$,$T_{m,c}$,$P_{m,h}$,$P_{m,c}$ 和 ΔP_m 分别代表热侧、冷侧膜面平均温度,热侧、冷侧膜面平均压力,膜面的平均压力差。

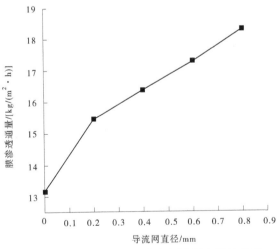

图 5-18　理论膜渗透的通量和导流网直径的关系

5.3　本章小结

（1）通过建立膜蒸馏模块模型,采用 Fluent 6.3 进行数值模拟得到膜面温度,代入安托尼方程求出冷、热侧膜面压力,结合自清洁蒸馏膜 RB-4 纯水渗透通量结果,建立膜渗透通量和平均压力差值的关系图,得到自清洁蒸馏膜 RB-4 的传质系数为 $0.001\ 94\ kg/(m^2 \cdot h \cdot Pa)$,提出 CFD 仿真模拟结合蒸馏实验的方式确定膜的传质系数,为研究膜蒸馏的传质动力学提出方法。

（2）采用 Fluent 6.3 仿真模拟分析膜两侧错流速度、导流网位置和导流网直径对温度极化系数的影响。结果表明:在流体通道内中间设置 0.8 mm 的导流网可削弱膜面滞留层,提高膜面剪切力,进而提高膜面的温度极化系数（约 47.20%）,膜的渗透通量理论上可提高 38.77%,为膜蒸馏模块优化提供建议。

第 6 章　结论与建议

6.1　结　论

（1）基于非溶剂致相分离法，制备出共混 Bi_2WO_6-PVDF（B-2）、CNTs-PVDF（C-3）和 RGO-PVDF（R-4）蒸馏膜，实验结果表明：适量的这 3 种纳米材料均能优化膜孔径并使膜材料的孔径分布越来越集中，最大的平均膜孔径分别为 625.2 nm（B-2）、783.5 nm（C-3）和 742.9 nm（R-4）；CNTs 和 RGO 可提高 PVDF 膜表面的疏水性；100 h 连续膜蒸馏实验结果表明制备的共混膜材料结构稳定；35 g/L NaCl 水溶液的直接接触式膜蒸馏实验表明，膜 B-2、C-3 和 R-4 盐截留率可达 99.98% 以上，最大渗透通量比市售膜（MB 膜，0.22 μm）渗透通量 [10.50 kg/（m^2·h）] 分别高 25.23%、44.29% 和 46.29%。孔径是影响膜渗透通量的主要因素，疏水性对渗透通量也有一定影响。以膜 R-4 考察了运行工艺对膜渗透通量的影响，提高进水流速和料液温度，均能提高膜的渗透通量。共混纳米材料膜改性研究为后续光催化蒸馏膜研制提供技术支持。

（2）以膜 R-4 为底膜配方，采用双层涂覆技术制得 TiO_2 基自清洁蒸馏膜。响应紫外光的自清洁蒸馏膜改性实验表明：TiO_2 光催化涂层可将膜的静态水接触角提高约 22°；在相转换过程中，迁移至膜表面的 TiO_2 和非溶剂相互作用可缩短膜孔的形成时间，导致膜孔变小；膜 T-3 在 35 g/L 的 NaCl 水溶液脱盐实验中渗透通量为 14.83 kg/（m^2·h），盐截留率大于 99.99%；膜 T-3 渗透通量并未随孔径变小而明显下降，这得益于膜表面疏水性的提高；对 15 mg/L 的 RhB 紫外光照射 6 h 可取得 90.11% 的降解率；在光催化-膜蒸馏实验中，经过 8 h 紫外灯辐射，膜 T-3 的相对渗透通量可由 0.87 恢复至 0.96，这是因为料液侧 RhB 的降解，降低了膜表面的浓度极化现象。

（3）以膜 C-3 为底膜配方，将自制的 RGO/Bi_2WO_6 作为光催化涂层，采用双层涂敷技术制得 RGO/Bi_2WO_6 基自清洁蒸馏膜。响应可见光的 RGO/Bi_2WO_6 基自清洁蒸馏膜改性实验表明：花状 Bi_2WO_6 的形成符合奥斯特瓦尔德熟化机制，最佳制备工艺为 180 ℃水热 3 h；可见光实验表明 2%

RGO/Bi_2WO_6 对 250 mL CIP（10 mg/L）的降解效果最好，降解率可达到 89.2%，是纯 Bi_2WO_6 降解效果的 1.36 倍；RGO/Bi_2WO_6 在 CIP 降解中，发挥主要作用的是光生 h^+，且 RGO 可增加 h^+ 的寿命从而提高 Bi_2WO_6 的光催化活性；RGO/Bi_2WO_6 涂层可以提高膜的粗糙度，又因为 RGO 固有的疏水性，光催化蒸馏膜 RB-4 的接触角比 RB-0 要高约 30°；综合脱盐实验、光催化实验结果，选取膜 RB-4 进行自清洁实验，经过 3 h 的可见光辐射，受 CIP 污染的膜 RB-4 的相对渗透通量可由 0.89 恢复到 0.99，即膜 RB-4 可有效清除膜表面吸附的有机污染物（CIP）。

（4）使用 Gambit 建立直接接触式膜蒸馏过程的 CFD 三维模型，采用 Fluent 6.3 进行数值模拟得到膜面平均温度和模块进出水口温度；将 CFD 模拟和实际测量的温度数据进行比较，最大偏差为 9.6%，表明仿真模拟得到的温度数据具有较高的可信度；将模拟得到的膜面平均温度代入安托尼方程，求得膜两侧的平均压力差值，建立膜通量和平均压力差值的关系图，可得膜 RB-4 的传质系数为 0.001 94 kg/（$m^2 \cdot h \cdot Pa$）；提出 Fluent 6.3 仿真模拟结合实验的方式确定膜的传质系数，为研究膜蒸馏的传质动力学提出方法。建立配有不同直径导流网的膜蒸馏模块 CFD 二维模型，考察进水流速、导流网位置和导流网直径对温度极化系数的影响，仿真结果表明在流体通道中间设置 0.8 mm 的导流网，蒸馏模块的温度极化系数可以提高 47.20%，膜理论渗透通量可提高 38.77%。

6.2　建　议

（1）本书研究的重点为新型蒸馏膜的研制，本实验没有考察无机成分对膜蒸馏过程的影响，且涉及的有机污染物只是用来考察制备的膜材料的性能，应加大改性膜在实际废水中的应用效果研究，以期为膜蒸馏的实际应用提供技术支撑。

（2）实际废水中含有大量的细菌等微生物，在膜蒸馏长期运行实验中，也会造成膜孔的污堵，制备的 TiO_2 和 RGO/Bi_2WO_6 基自清洁蒸馏膜表面因光催化剂的存在均具有抑菌作用。因此，需要开展其抑菌性能研究，以推动其在实际废水中的应用。

（3）采用 Fluent 6.3 软件对膜蒸馏模块的优化只是基于温度极化系数的初步探讨并提出理论上的优化建议，应该设计相关实验考查改进后的模块对蒸馏膜渗透通量提高的实际效果。

参 考 文 献

［1］ Lam K L, Lant P A, O'Brien K R, et al. Comparison of water-energy trajectories of two major regions experiencing water shortage［J］. Journal of Environmental Management, 2016,181:403-412.

［2］ Chen Q, Liu Y, Xue C, et al. Energy self-sufficient desalination stack as a potential fresh water supply on small islands［J］. Desalination,2015,359:52-58.

［3］ 把握水资源匮乏的机遇 积极推进海水淡化产业的发展［J］. 装备机械,2011(3):1-2.

［4］ 郑炳灼. 水污染、治理设想［J］. 小作家选刊:教学交流,2013(3):78.

［5］ 王瑗,盛连喜,李科,等. 中国水资源现状分析与可持续发展对策研究［J］. 水资源与水工程学报,2008(3):10-14.

［6］ 宋先松,石培基,金蓉. 中国水资源空间分布不均引发的供需矛盾分析［J］. 干旱区研究,2005, 22(2):162-166.

［7］ 王頔. "南水北调"的工程学意义［J］. 河南水利与南水北调,2016(8):27-28, 49.

［8］ 刘欣,董飞. 浅谈我国水污染现状及治理措施［J］. 科学与财富,2013(12):177.

［9］ 韦朝海,杨波. 有毒化学品的污染评价与控制技术［J］. 环境科学与技术,2002(2):45-47.

［10］ 毕桂超. 浅析城市与农村水污染现状及治理措施［J］. 城市建设理论研究(电子版),2014(13):10676-10678.

［11］ 杨扬. 2014 年我国造纸工业主要污染物排放及处理概况［J］. 造纸信息,2016(9):27-34.

［12］ Thite M. Application of Taguchi method in optimization of desalination by vacuum membrane distillation［J］. Desalination,2009, 249(1):83-89.

［13］ Busch M, Chu R, Kolbe U, et al. Ultrafiltration pretreatment to reverse osmosis for seawater desalination — three years field experience in the Wangtan Datang power plant ［J］. Desalination and Water Treatment,2009,10(1-3):1-20.

［14］ Bartels C, Hirose M, Rybar S, et al. Optimum RO system design with high area spiral-wound elements［J］. Desalination and Water Treatment,2009,10(1-3):21-26.

［15］ Jin Z, Yang D, Zhang S H, et al. Hydrophobic modification of poly (phthalazinone ethersulfone ketone) hollow fiber membrane for vacuum membrane distillation［J］.中国化学快报(英文版),2008,19(3):367-370.

［16］ Alklaibi A M, Lior N. Membrane-distillation desalination:Status and potential［J］. Desalination,2005, 171(2):111-131.

［17］ Hanbury W T, Hodgkiess T. Membrane distillation -an assessment［J］. Desalination, 1985, 56(85):287-297.

［18］ Safavi M, Mohammadi T. High-salinity water desalination using VMD［J］. Chemical Engineering Journal,2009, 149(1-3):191-195.

［19］ Yun Y, Ma R, Zhang W, et al. Direct contact membrane distillation mechanism for high concentration NaCl solutions［J］. Desalination,2006, 188(1):251-262.

［20］ Khayet M, Godino M P, Mengual J I. Theoretical and experimental studies on desalination using the sweeping gas membrane distillation method［J］. Desalination,2003, 157(1): 297-305.

［21］ Islam A M. Membrane distillation process for pure water and removal of arsenic ［J］. 2004.

［22］ Tomaszewska M. Membrane distillation-examples of applications in technology and environmental protection［J］. Polish Journal of Environmental Studies,2000, 9(1):61-66.

［23］ 吴刚,武春瑞,吕晓龙. 聚偏氟乙烯中空纤维膜蒸馏性能研究［J］. 水处理技术,2008, 34(5):20-23.

［24］ Alkhudhiri A, Darwish N, Hilal N. Membrane distillation:A comprehensive review［J］. Desalination,2012, 287:2-18.

［25］ Banat F A, Al-Shannag M. Recovery of dilute acetone-butanol-ethanol (ABE) solvents from aqueous solutions via membrane distillation ［J］. Bioprocess and Biosystems Engineering,2000, 23(6):643-649.

［26］ Hitsov I, Maere T, De Sitter K, et al. Modelling approaches in membrane distillation:A critical review［J］. Separation and Purification Technology,2015, 142:48-64.

［27］ Warsinger D M, Swaminathan J, Guillen-Burrieza E, et al. Scaling and fouling in membrane distillation for desalination applications:A review［J］. Desalination,2015,356: 294-313.

［28］ Alkhudhiri A, Darwish N, Hilal N. Membrane distillation:A comprehensive review［J］. Desalination,2012, 287:2-18.

［29］ Manawi Y M, Khraisheh M, Fard A K, et al. Effect of operational parameters on distillate flux in direct contact membrane distillation (DCMD):Comparison between experimental and model predicted performance［J］. Desalination,2014, 336:110-120.

［30］ Singh D, Prakash P, Sirkar K K. Deoiled produced water treatment using direct-contact membrane distillation［J］. Industrial and Engineering Chemistry Research,2013,52(37): 13439-13448.

［31］ Manawi Y M, Khraisheh M A M M, Fard A K, et al. A predictive model for the assessment of the temperature polarization effect in direct contact membrane distillation desalination of high salinity feed［J］. Desalination,2014, 341:38-49.

［32］ Singh D, Sirkar K K. Desalination of brine and produced water by direct contact membrane distillation at high temperatures and pressures ［J］. Journal of Membrane

Science,2012, 389:380-388.

[33] Su M, Teoh M M, Wang K Y, et al. Effect of inner-layer thermal conductivity on flux enhancement of dual-layer hollow fiber membranes in direct contact membrane distillation [J]. Journal of Membrane Science,2010, 364(1-2):278-289.

[34] 陈华艳,李欢,吕晓龙. 气扫式膜蒸馏传质传热过程[J]. 化工学报,2009, 60(2):304-309.

[35] 刘捷,武春瑞,吕晓龙. 减压膜蒸馏传热传质过程[J]. 化工学报,2011, 62(4):908-915.

[36] 贠延滨,刘丽英,马润宇,等. 浓盐溶液的膜蒸馏机理研究[J]. 高校化学工程学报,2002, 16(4):389-395.

[37] Liu C, Chen Y, Sheu W, et al. Effect of flow deflector on the flux improvement in direct contact membrane distillation[J]. Desalination,2010, 253(1-3):16-21.

[38] Ho C, Huang C, Tsai F, et al. Performance improvement on distillate flux of countercurrent-flow direct contact membrane distillation systems[J]. Desalination,2014, 338:26-32.

[39] Basile A, Figoli A, Khayet M. Pervaporation, vapour permeation and membrane distillation:Principles and Applications[M]. 2015.

[40] Li L, Sirkar K K. Influence of microporous membrane properties on the desalination performance in direct contact membrane distillation[J]. Journal of Membrane Science,2016,513:280-293.

[41] Essalhi M, Khayet M. Surface segregation of fluorinated modifying macromolecule for hydrophobic/hydrophilic membrane preparation and application in air gap and direct contact membrane distillation[J]. Journal of Membrane Science,2012, 417:163-173.

[42] Schneider K H W W R. Membranes and modules for transmembrane distillation[J]. Journal of membrane science,1988,39(1):25-42.

[43] Garcia-Payo M C, Izquierdo-Gil M A, Fernandez-Pineda C. Wetting study of hydrophobic membranes via liquid entry pressure measurements with aqueous alcohol solutions[J]. Journal of Colloid and Interface Science,2000,230(2):420-431.

[44] Xu J, Singh Y B, Amy G L, et al. Effect of operating parameters and membrane characteristics on air gap membrane distillation performance for the treatment of highly saline water[J]. Journal of Membrane Science,2016, 512:73-82.

[45] Alkhudhiri A, Hilal N. Air gap membrane distillation:A detailed study of high saline solution[J]. Desalination,2017, 403:179-186.

[46] Garcia-Payo M C, Izquierdo-Gil M A, Fernandez-Pineda C. Air gap membrane distillation of aqueous alcohol solutions[J]. Journal of Membrane Science,2000,169(1):61-80.

[47] Izquierdo-Gil M A, Garcia-Payo M C, Fernandez-Pineda C. Air gap membrane distillation

of sucrose aqueous solutions[J]. Journal of Membrane Science,1999, 155(2):291-307.

[48] Winter D, Koschikowski J, Duever D, et al. Evaluation of MD process performance:Effect of backing structures and membrane properties under different operating conditions[J]. Desalination,2013, 323(SI):120-133.

[49] Guo H, Ali H M, Hassanzadeh A. Simulation study of flat-sheet air gap membrane distillation modules coupled with an evaporative crystallizer for zero liquid discharge water desalination[J]. Applied Thermal Engineering,2016, 108:486-501.

[50] Ali M I, Summers E K, Arafat H A, et al. Effects of membrane properties on water production cost in small scale membrane distillation systems[J]. Desalination,2012, 306:60-71.

[51] Susanto H. Towards practical implementations of membrane distillation[J]. Chemical Engineering and Processing,2011, 50(2):139-150.

[52] Khayet M. Membranes and theoretical modeling of membrane distillation:A review[J]. Advances in Colloid and Interface Science,2011, 164(1-2SI):56-88.

[53] Findley M E. Vaporization through Porous Membranes[J]. Industrial & Engineering Chemistry Process Design and Development,1967, 6(2):226-230.

[54] Giwa A, Daer S, Ahmed I, et al. Experimental investigation and artificial neural networks ANNs modeling of electrically-enhanced membrane bioreactor for wastewater treatment[J]. Journal of Water Process Engineering,2016, 11:88-97.

[55] 王许云,张林,陈欢林. 膜蒸馏技术最新研究现状及进展[J]. 化工进展,2007, 26(2):168-172.

[56] Qtaishat M, Matsuura T, Kruczek B, et al. Heat and mass transfer analysis in direct contact membrane distillation[J]. Desalination,2008, 219(1-3):272-292.

[57] Martinez L, Rodriguez-Maroto J M. Effects of membrane and module design improvements on flux in direct contact membrane distillation[J]. Desalination, 2007, 205(1-3):97-103.

[58] Liu G L, Zhu C, Cheung C S, et al. Theoretical and experimental studies on air gap membrane distillation[J]. Heat and Mass Transfer,1998, 34(4):329-335.

[59] Guijt C M, Racz I G, van Heuven J W, et al. Modelling of a transmembrane evaporation module for desalination of seawater[J]. Desalination,1999, 126(1-3):119-125.

[60] Boi C, Bandini S, Sarti G C. Pollutants removal from wastewaters through membrane distillation[J]. Desalination,2005, 183(1-3):383-394.

[61] Komesli O T, Teschner K, Hegemann W, et al. Vacuum membrane applications in domestic wastewater reuse[J]. Desalination,2007, 215(1-3):22-28.

[62] Wang P, Chung T. A new-generation asymmetric multi-bore hollow fiber membrane for sustainable water production via vacuum membrane distillation[J]. Environmental Science

& Technology,2013, 47(12):6272-6278.

[63] Lawson K W, Lloyd D R. Membrane distillation[J]. Journal of Membrane Science,1997, 124(1):1-25.

[64] Wang P, Chung T. Recent advances in membrane distillation processes: Membrane development, configuration design and application exploring[J]. Journal of Membrane Science,2015, 474:39-56.

[65] Zhang J, Gray S, Li J. Modelling heat and mass transfers in DCMD using compressible membranes[J]. Journal of Membrane Science,2012, 387:7-16.

[66] Martínez-Díez L, Vázquez-González M I. Temperature and concentration polarization in membrane distillation of aqueous salt solutions[J]. Journal of Membrane Science,1999, 156(2):265-273.

[67] Cath T Y, Adams V D, Childress A E. Experimental study of desalination using direct contact membrane distillation: a new approach to flux enhancement[J]. Journal of Membrane Science,2004, 228(1):5-16.

[68] Imdakm A O, Matsuura T. Simulation of heat and mass transfer in direct contact membrane distillation(MD):The effect of membrane physical properties[J]. Journal of Membrane Science,2005,262(1-2):117-128.

[69] Amir B, Morteza A, Nafiseh K. Numerical simulation and theoretical study on simultaneously effects of operating parameters in direct contact membrane distillation[J]. Chemical Engineering & Processing Process Intensification,2012, 61:42-50.

[70] Alkhudhiri A, Darwish N, Hilal N. Membrane distillation:A comprehensive review[J]. Desalination,2012, 287:2-18.

[71] Nakoa K, Rahaoui K, Date A, et al. An experimental review on coupling of solar pond with membrane distillation[J]. Solar Energy,2015, 119:319-331.

[72] Qtaishat M R, Banat F. Desalination by solar powered membrane distillation systems[J]. Desalination,2013, 308(1):186-197.

[73] Nakoa K, Rahaoui K, Date A, et al. An experimental review on coupling of solar pond with membrane distillation[J]. Solar Energy,2015,119:319-331.

[74] 王运东,骆广生,刘谦. 传递过程原理[M].北京:清华大学出版社,2002.

[75] Wang P, Chung T. Recent advances in membrane distillation processes: Membrane development, configuration design and application exploring[J]. Journal of Membrane Science,2015, 474:39-56.

[76] Giwa A, Hasan S W. Theoretical investigation of the influence of operating conditions on the treatment performance of an electrically-induced membrane bioreactor[J]. Journal of Water Process Engineering,2015, 6:72-82.

[77] Giwa A, Ahmed I, Hasan S W. Enhanced sludge properties and distribution study of

sludge components in electrically-enhanced membrane bioreactor [J]. Journal of Environmental Management,2015, 159:78-85.

[78] Giwa A, Hasan S W. Numerical modeling of an electrically enhanced membrane bioreactor (MBER) treating medium-strength wastewater [J]. Journal of Environmental Management,2015, 164:1-9.

[79] Hasan S W, Elektorowicz M, Oleszkiewicz J A. Start-up period investigation of pilot-scale submerged membrane electro-bioreactor (SMEBR) treating raw municipal wastewater[J]. Chemosphere,2014, 97:71-77.

[80] Khayet M. Treatment of radioactive wastewater solutions by direct contact membrane distillation using surface modified membranes[J]. Desalination,2013, 321:60-66.

[81] Yu X, Yang H, Lei H, et al. Experimental evaluation on concentrating cooling tower blowdown water by direct contact membrane distillation [J]. Desalination, 2013, 323 (SI):134-141.

[82] Jamaly S, Giwa A, Hasan S W. Recent improvements in oily wastewater treatment: Progress, challenges, and future opportunities[J]. 环境科学学报(英文版),2015, 37 (11):15-30.

[83] Macedonio F, Ali A, Poerio T, et al. Direct contact membrane distillation for treatment of oilfield produced water[J]. Separation & Purification Technology,2014, 126(15):69-81.

[84] Singh D, Sirkar K K. Desalination of brine and produced water by direct contact membrane distillation at high temperatures and pressures [J]. Journal of Membrane Science,2012, 389:380-388.

[85] Shaffer D L, Arias Chavez L H, Bensasson M, et al. Desalination and reuse of high-salinity shale gas produced water: drivers, technologies, and future directions. [J]. Environmental Science & Technology,2013, 47(17):9569-9583.

[86] Jensen M B, Christensen K V, Andrésen R, et al. A model of direct contact membrane distillation for black currant juice[J]. Journal of Food Engineering,2011, 107(3-4):405-414.

[87] Kezia K, Lee J, Weeks M, et al. Direct contact membrane distillation for the concentration of saline dairy effluent. [J]. Water Research,2015, 81:167-177.

[88] Camacho L M, Dumée L, Zhang J, et al. Advances in Membrane Distillation for Water Desalination and Purification Applications[J]. Water,2013, 5(1):94-196.

[89] Hausmann A, Sanciolo P, Vasiljevic T, et al. Direct contact membrane distillation of dairy process streams. [J]. Membranes,2011,1(1):48-58.

[90] Tomaszewska M, Tapin A. The influence of feed temperature and composition on the conversion of KCl into $KHSO_4$ in a membrane reactor combined with direct contact membrane distillation[J]. Separation & Purification Technology,2012,100(44):59-65.

[91] Bhattacharya M, Dutta S K, Sikder J, et al. Computational and experimental study of chromium (VI) removal in direct contact membrane distillation[J]. Journal of Membrane Science,2014, 450(2):447-456.

[92] Qu D, Sun D, Wang H, et al. Experimental study of ammonia removal from water by modified direct contact membrane distillation[J]. Desalination,2013, 326(5):135-140.

[93] Manna A K, Mou S, Martin A R, et al. Removal of arsenic from contaminated groundwater by solar-driven membrane distillation[J]. Water Research,2010, 158(3): 805-811.

[94] Yarlagadda S, Gude V G, Camacho L M, et al. Potable water recovery from As, U, and F contaminated ground waters by direct contact membrane distillation process[J]. Journal of Hazardous Materials,2011, 192(3):1388-1394.

[95] Xie M, Long D N, Price W E, et al. Toward resource recovery from wastewater:extraction of phosphorus from digested sludge using a hybrid forward osmosis-membrane distillation process[J]. Environmental Science & Technology Letters,2014,1(2):191-195.

[96] Shirazi A M M K A. A review on applications of membrane distillation (MD) process for wastewater treatment[J]. Journal of Membrane Science and Research, 2015, 1(3): 101-112.

[97] Banat F, Al-Asheh S, Qtaishat M. Treatment of waters colored with methylene blue dye by vacuum membrane distillation[J]. Desalination,2005,174(1):87-96.

[98] Xf V C, Drioli E, Matera F. Membrane distillation in the textile wastewater treatment. [J]. Desalination,1991,83(91):209-224.

[99] Baker J S, Dudley L Y. Biofouling in membrane systems-A review [J]. Desalination, 1998,118(1-3):81-89.

[100] Amy G. Fundamental understanding of organic matter fouling of membranes [J]. Desalination,2008, 231(1):44-51.

[101] Shirazi S, Lin C J, Chen D. Inorganic fouling of pressure-driven membrane processes—a critical review[J]. Desalination,2010,250(1):236-248.

[102] Li N N, Fane A G, Ho W S W, et al. Advanced membrance technology and applications [M]. 2008.

[103] Souhaimi M K, Matsuura T. Membrane distillation[J]. Journal of Membrane Science, 1997,124(1):1-25.

[104] Calabro V, Jiao B L, Drioli E. Theoretical and experimental study on membrane distillation in the concentration of orange juice[J]. Industrial & Engineering Chemistry Research,1994, 33(7):125-127.

[105] De Zárate J M O, Rincón C, Mengual J I. Concentration of bovine serum albumin aqueous solutions by membrane distillation[J]. Separation Science & Technology,1998,

33(3):283-296.

[106] Gryta M. The assessment of microorganism growth in the membrane distillation system [J]. Desalination,2002, 142(1):79-88.

[107] Krivorot M, Kushmaro A, Oren Y, et al. Factors affecting biofilm formation and biofouling in membrane distillation of seawater[J]. Journal of Membrane Science,2011, 376(1):15-24.

[108] Hsu S T, Cheng K T, Chiou J S. Seawater desalination by direct contact membrane distillation[J]. Desalination,2002, 143(3):279-287.

[109] Karakulski K, Gryta M, Morawski A. Membrane processes used for potable water quality improvement[J]. Desalination,2002, 145(1):315-319.

[110] Karakulski K, Gryta M. Water demineralisation by NF/MD integrated processes[J]. Desalination,2005, 177(1):109-119.

[111] He K, Hwang H J, Woo M W, et al. Production of drinking water from saline water by direct contact membrane distillation (DCMD)[J]. Journal of Industrial & Engineering Chemistry,2011, 17(1):41-48.

[112] Shirazi M M A, Kargari A, Shirazi M J A. Direct contact membrane distillation for seawater desalination[J]. Desalination & Water Treatment,2012, 49(1-3):368-375.

[113] Franken A C M, Nolten J A M, Mulder M H V, et al. Wetting criteria for the applicability of membrane distillation[J]. Journal of Membrane Science,1987, 33(3): 315-328.

[114] Lv Y, Yu X, Tu S T, et al. Wetting of polypropylene hollow fiber membrane contactors [J]. Journal of Membrane Science,2010, 362(1):444-452.

[115] Gryta M. Fouling in direct contact membrane distillation process [J]. Journal of Membrane Science,2008, 325(1):383-394.

[116] Goh S, Zhang J, Liu Y, et al. Fouling and wetting in membrane distillation (MD) and MD-bioreactor(MDBR) for wastewater reclamation[J]. Desalination, 2013,323(16): 39-47.

[117] Naidu G, Jeong S, Kim S J, et al. Organic fouling behavior in direct contact membrane distillation[J]. Desalination,2014, 347(17):230-239.

[118] Guillen-Burrieza E, Ruiz-Aguirre A, Zaragoza G, et al. Membrane fouling and cleaning in long term plant-scale membrane distillation operations [J]. Journal of Membrane Science,2014,468(20):360-372.

[119] Srisurichan S, Jiraratananon R, Fane A G. Humic acid fouling in the membrane distillation process[J]. Desalination,2005,174(1):63-72.

[120] Gryta M. Alkaline scaling in the membrane distillation process[J]. Desalination,2008, 228(1-3):128-134.

[121] El-Abbassi A, Hafidi A, Khayet M, et al. Integrated direct contact membrane distillation for olive mill wastewater treatment[J]. Desalination,2013, 323(16):31-38.

[122] Sutzkovergutman I, Hasson D, Kedem O, et al. Feed water pretreatment for desalination plants[J]. Desalination,2010, 264(3):289-296.

[123] Vedavyasan C V. Pretreatment trends-an overview[J]. Desalination,2007, 203(1): 296-299.

[124] Raab M, Scudla J, Kozlov A G, et al. Structure development in oriented polyethylene films and microporous membranes as monitored by sound propagation[J]. Journal of Applied Polymer Science,2001,80(2):214-222.

[125] Lloyd D R. Performance modification via membrane stretching[M]. Denver, Co. Awwa Research Foundation,2006.

[126] Huang Q, Xiao C, Feng X, et al. Design of super-hydrophobic microporous polytetrafluoroethylene membranes[J]. New Journal of Chemistry, 2013, 37(2): 373-379.

[127] Kurumada K, Kitamura T, Fukumoto N, et al. Structure generation in PTFE porous membranes induced by the uniaxial and biaxial stretching operations[J]. Journal of Membrane Science,1998, 149(1):51-57.

[128] Fan H, Peng Y, Li Z, et al. Preparation and characterization of hydrophobic PVDF membranes by vapor-induced phase separation and application in vacuum membrane distillation[J]. Journal of Polymer Research,2013,20(6):1-15.

[129] Kuo C, Lin H, Tsai H, et al. Fabrication of a high hydrophobic PVDF membrane via nonsolvent induced phase separation[J]. Desalination,2008, 233(1-3):40-47.

[130] Guo-Qiang X U, Xian-Feng L I, Xiao-Long L V. Effect of calcium carbonate on the structure of porous PVDF membrane in TIPS process[J]. Polymer Materials Science & Engineering,2007, 23(5):234-237.

[131] Judd C, Judd S. The MBR book:principles and applications of membrane bioreactors in water and wastewater treatment[M]. Amsterdam:Elsevier, 2006.

[132] Kumar C S. Microfluidic devices in nanotechnology[M]. Hoboken, N.J.:Wiley, 2010.

[133] Ghasem N, Al-Marzouqi M, Duidar A. Effect of PVDF concentration on the morphology and performance of hollow fiber membrane employed as gas-liquid membrane contactor for CO_2 absorption[J]. Separation and Purification Technology,2012, 98:174-185.

[134] Ji G, Du C, Zhu B, et al. Preparation of porous PVDF membrane via thermally induced phase separation with diluent mixture of DBP and DEHP[J]. Journal of Applied Polymer Science,2007,105(3):1496-1502.

[135] Wienk I M, Boom R M, Beerlage M A M, et al. Recent advances in the formation of phase inversion membranes made from amorphous or semi-crystalline polymers[J].

Journal of Membrane Science,1996, 113(2):361-371.

[136] Wang D, Li K, Teo W K. Preparation and characterization of polyvinylidene fluoride (PVDF) hollow fiber membranes[J]. Journal of Membrane Science,1999,163(2):211-220.

[137] Tomaszewska M. Preparation and properties of flat-sheet membranes from poly (vinylidene fluoride) for membrane distillation[J]. Desalination,2003,104(1-2):1-11.

[138] Sukitpaneenit P, Chung T. Molecular elucidation of morphology and mechanical properties of PVDF hollow fiber membranes from aspects of phase inversion, crystallization and rheology [J]. Journal of Membrane Science, 2009, 340 (1-2): 192-205.

[139] Abdulla Almarzooqi F, Roil Bilad M, Ali Arafat H,et al. Improving Liquid Entry Pressure of Polyvinylidene Fluoride (PVDF) Membranes by Exploiting the Role of Fabrication Parameters in Vapor-Induced Phase Separation VIPS and Non-Solvent-Induced Phase Separation(NIPS) Processes[J]. Applied Sciences,2017, 7(2):181-189.

[140] Suk D E, Matsuura T, Park H B, et al. Development of novel surface modified phase inversion membranes having hydrophobic surface-modifying macromolecule (nSMM) for vacuum membrane distillation[J]. Desalination,2010, 261(3):300-312.

[141] Hamza A, Pham V A, Matsuura T, et al. Development of membranes with low surface energy to reduce the fouling in ultrafiltration applications [J]. Journal of Membrane Science,1997,131(1-2):217-227.

[142] Suk D E, Pleizier G, Deslandes Y, et al. Effects of surface modifying macromolecule (SMM) on the properties of polyethersulfone membranes[J]. Desalination,2002, 149 (1-3):303-307.

[143] Suk D E, Matsuura T, Park H B, et al. Synthesis of a new type of surface modifying macromolecules (nSMM) and characterization and testing of nSMM blended membranes for membrane distillation[J]. Journal of Membrane Science,2006,277(1-2):177-185.

[144] Suk D E, Chowdhury G, Matsuura T, et al. Study on the kinetics of surface migration of surface modifying macromolecules in membrane preparation[J]. Macromolecules,2002, 35(8):3017-3021.

[145] Satyanarayana S,Bhattacharya P. Pervaporation of hydrazine hydrate:separation characteristics of membranes with hydrophilic to hydrophobic behaviour [J]. Journal of Membrane Science,2004,238(1-2):103-115.

[146] Prince J A, Singh G, Rana D, et al. Preparation and characterization of highly hydrophobic poly (vinylidene fluoride)-Clay nanocomposite nanofiber membranes (PVDF-clay NNMs) for desalination using direct contact membrane distillation [J]. Journal of Membrane Science,2012,397:80-86.

[147] Balta S, Sotto A, Luis P, et al. A new outlook on membrane enhancement with nanoparticles:The alternative of ZnO[J]. Journal of Membrane Science,2012, 389:155-161.

[148] Cao X, Ma J, Shi X, et al. Effect of TiO_2 nanoparticle size on the performance of PVDF membrane[J]. Applied Surface Science,2006,253(4):2003-2010.

[149] Hou D, Dai G, Fan H, et al. Effects of calcium carbonate nano-particles on the properties of PVDF/nonwoven fabric flat-sheet composite membranes for direct contact membrane distillation[J]. Desalination,2014, 347:25-33.

[150] Teoh M M, Chung T, Yeo Y S. Dual-layer PVDF/PTFE composite hollow fibers with a thin macrovoid-free selective layer for water production via membrane distillation[J]. Chemical Engineering Journal,2011, 171(2):684-691.

[151] Li R, Ye L, Mai Y W. Application of plasma technologies in fibre-reinforced polymer composites:a review of recent developments[J]. Composites Part A Applied Science & Manufacturing,1997,28(1):73-86.

[152] Hegemann D, Brunner H, Oehr C. Plasma treatment of polymers for surface and adhesion improvement[J]. Nuclear Instruments & Methods in Physics Research,2003, 208(1-4):281-286.

[153] Wei X, Zhao B, Li X M, et al. CF_4 plasma surface modification of asymmetric hydrophilic polyethersulfone membranes for direct contact membrane distillation [J]. Journal of Membrane Science,2012,407-408(14):164-175.

[154] Yasuda H, Gazicki M. Biomedical applications of plasma polymerization and plasma treatment of polymer surfaces[J]. Biomaterials,1982, 3(2):68-77.

[155] Riekerink M B O, Terlingen J G A, Engbers G H M, et al. Selective etching of semicrystalline polymers:CF_4 gas plasma treatment of poly(ethylene)[J]. Langmuir, 1999, 15(14):4847-4856.

[156] Wu Y, Ying K, Xiao L, et al. Surface-modified hydrophilic membranes in membrane distillation [J]. Journal of Membraneence,1992,72(2):189-196.

[157] Gao S H, Gao L H, Zhou K S. Super-hydrophobicity and oleophobicity of silicone rubber modified by CF_4 radio frequency plasma[J]. Applied Surface Science,2011, 257(11): 4945-4950.

[158] Li G, Wei X, Wang W, et al. Modification of unsaturated polyester resins (UP) and reinforced UP resins via plasma treatment [J]. Applied Surface Science,2010,257(1): 290-295.

[159] You S J, Semblante G U, Lu S C, et al. Evaluation of the antifouling and photocatalytic properties of poly(vinylidene fluoride) plasma-grafted poly(acrylic acid) membrane with self-assembled TiO_2[J]. Journal of Hazardous Materials,2012,237-238(6):10-19.

[160] Kull K R, Steen M L, Fisher E R. Surface modification with nitrogen-containing plasmas to produce hydrophilic, low-fouling membranes[J]. Journal of Membrane Science, 2005, 246(2):203-215.

[161] Yu H Y, Hu M X, Xu Z K, et al. Surface modification of polypropylene microporous membranes to improve their antifouling property in MBR: NH$_3$ plasma treatment[J]. Separation & Purification Technology, 2005, 45(1):8-15.

[162] Sairiam S, Loh C H, Wang R, et al. Surface modification of PVDF hollow fiber membrane to enhance hydrophobicity using organosilanes[J]. Journal of Applied Polymer Science, 2013, 130(1):610-621.

[163] 董淑英. 锌、铋系/石墨烯可见光催化剂的制备及其性能研究[D]. 新乡:河南师范大学, 2015.

[164] Ahmad N A, Leo C P, Ahmad A L, et al. Membranes with Great Hydrophobicity: A Review on Preparation and Characterization[J]. Separation & Purification Reviews, 2015, 44(2):109-134.

[165] Xiong G, Elam J W, Feng H, et al. Effect of atomic layer deposition coatings on the surface structure of anodic aluminum oxide membranes[J]. Journal of Physical Chemistry B, 2005, 109(29):14059-14063.

[166] Zhang M, Zhang A Q, Zhu B K, et al. Polymorphism in porous poly (vinylidene fluoride) membranes formed via immersion precipitation process [J]. Journal of Membrane Science, 2008, 319(1):169-175.

[167] Li X, Lim Y F, Yao K, et al. Ferroelectric poly (vinylidene fluoride) homopolymer nanotubes derived from solution in anodic alumina membrane template[J]. Chemistry of Materials, 2013, 25(4):524-529.

[168] Lee W K, Ha C S. Miscibility and surface crystal morphology of blends containing poly (vinylidene fluoride) by atomic force microscopy [J]. Polymer, 1998, 39(26):7131-7134.

[169] Benz M, Euler W B. Determination of the crystalline phases of poly (vinylidene fluoride) under different preparation conditions using differential scanning calorimetry and infrared spectroscopy[J]. Journal of Applied Polymer Science, 2003, 89(4):1093-1100.

[170] Gregorio R. Determination of the α, β, and γ crystalline phases of poly (vinylidene fluoride) films prepared at different conditions[J]. Journal of Applied Polymer Science, 2010, 100(4):3272-3279.

[171] Moazed C, Overbey Amp R, Spector R M. Effect of crystallization temperature on the crystalline phase content and morphology of poly (vinylidene fluoride)[J]. Journal of Polymer Science Part B Polymer Physics, 1994, 32(5):859-870.

[172] Doob J L. The morphology and thermal response of high-temperature-crystallized poly

(vinylidene fluoride) [J]. Journal of Applied Physics,1975, 46(10) :4136-4143.

[173] Xu Y, Zheng W, Yu W, et al. Crystallization behavior and mechanical properties of poly (vinylidene fluoride)/multi-walled carbon nanotube nanocomposites [J]. Chemical Research in Chinese Universities,2010, 26(3) :491-495.

[174] Messier P M. Scanning electron microscopy[J]. Lunión Médicale Du Canada,1974, 103 (4) :727-731.

[175] Kamdem D P. Surface roughness and color change of copper-amine treatedRed maple (acer rubrum) exposed to artificial ultraviolet light[J]. Holzforschung,2002, 56(5) : 473-478.

[176] Bitterlich S. Book Review:basic principles of mnembrane technology. By M. Mulder [J]. Angewandte Chemie International Edition,1993, 32(1) :128.

[177] Lawrence J. Wetting and bonding characteristics of selected liquid metals with a high-power diode-laser-treated alumina bioceramic[J]. Proceedings of the Royal Society A, 2004,460(2046) :1723-1735.

[178] Gupta P, Ulman A, Fanfan S, et al. Mixed self-assembled monolayers of alkanethiolates on ultrasmooth gold do not exhibit contact-angle hysteresis[J]. Journal of the American Chemical Society,2005, 127(1) :4-5.

[179] Ahmad N A, Leo C P, Ahmad A L, et al. Membranes with Great Hydrophobicity:A Review on Preparation and Characterization[J]. Separation and Purification Reviews, 2015, 44(2) :109-134.

[180] Mansourizadeh A, Ismail A F, Abdullah M S, et al. Preparation of polyvinylidene fluoride hollow fiber membranes for CO_2 absorption using phase-inversion promoter additives[J]. Journal of Membrane Science,2010,355(1-2) :200-207.

[181] Van Krevelen D W. Properties of polymers:their correlation with chemical structure:their numerical estimation and prediction from additive group contributions[J]. Elsevier,1992, 16(2) :97-98.

[182] Alkhudhiri A, Darwish N, Hilal N. Membrane distillation:A comprehensive review[J]. Desalination,2012, 287(8) :2-18.

[183] Khayet M, Velázquez A, Mengual J I. Modelling mass transport through a porous partition: Effect of pore size distribution [J]. Journal of Non-Equilibrium Thermodynamics,2004,1(2) :17-299.

[184] Martínez L, Florido-Díaz F J, Hernández A, et al. Estimation of vapor transfer coefficient of hydrophobic porous membranes for applications in membrane distillation [J]. Separation & Purification Technology,2003,33(1) :45-55.

[185] 尹鸿儒. 发动机排气三通结构流动的试验与数值模拟研究[D]. 上海:上海交通大学,2013.

[186] Shakaib M, Hasani S M F, Ahmed I, et al. A CFD study on the effect of spacer orientation on temperature polarization in membrane distillation modules [J]. Desalination, 2012, 284:332-340.

[187] Shirazi M M A, Kargari A, Shirazi M J A. Direct contact membrane distillation for seawater desalination[J]. Desalination and Water Treatment, 2012, 49(1-3):368-375.

[188] He K, Hwang H J, Woo M W, et al. Production of drinking water from saline water by direct contact membrane distillation (DCMD)[J]. Journal of Industrial and Engineering Chemistry, 2011, 17(1):41-48.

[189] Yu H, Yang X, Wang R, et al. Analysis of heat and mass transfer by CFD for performance enhancement in direct contact membrane distillation [J]. Journal of Membrane Science, 2012, 405:38-47.

[190] Mohammadi T, Kaviani A. Water shortage and seawater desalination by electrodialysis [J]. Desalination, 2003, 158(1):267-270.

[191] Gökçek M, Gökçek Ö B. Technical and economic evaluation of freshwater production from a wind-powered small-scale seawater reverse osmosis system (WP-SWRO)[J]. Desalination, 2016, 381:47-57.

[192] Liu F, Abed M R M, Li K J. Preparation and characterization of poly (vinylidene fluoride) (PVDF) based ultrafiltration membranes using nano γ-Al_2O_3[J]. Journal of Membrane Science, 2011, 366(1):97-103.

[193] Hashim N A, Liu Y, Li K. Preparation of PVDF hollow fiber membranes using SiO_2 particles:the effect of acid and alkali treatment on the membrane performances[J]. Industrial & Engineering Chemistry Research, 2011, 50(5):3036-3041.

[194] Hong J, He Y. Effects of nano sized zinc oxide on the performance of PVDF microfiltration membranes[J]. Desalination, 2012, 302(38):71-79.

[195] Cao X, Ma J, Shi X, et al. Effect of TiO_2 nanoparticle size on the performance of PVDF membrane[J]. Applied Surface Science, 2006, 253(4):2003-2010.

[196] Feng C, Khulbe K C, Matsuura T, et al. Production of drinking water from saline water by air-gap membrane distillation using polyvinylidene fluoride nanofiber membrane[J]. Journal of Membrane Science, 2008, 311(1-2):1-6.

[197] Kai Y W, Chung T S, Gryta M. Hydrophobic PVDF hollow fiber membranes with narrow pore size distribution and ultra-thin skin for the fresh water production through membrane distillation[J]. Chemical Engineering Science, 2008, 63(9):2587-2594.

[198] Li X, Zhang G, Bai X, et al. Highly conducting graphene sheets and Langmuir-Blodgett films[J]. Nature Nanotechnology, 2008, 3(9):538-542.

[199] Yu J, Xiong J, Cheng B, et al. Hydrothermal preparation and visible-light photocatalytic activity of Bi_2WO_6 powders [J]. Journal of Solid State Chemistry, 2005, 178(6):

1968-1972.

[200] Tian X, Jiang X, Zhu B, et al. Effect of the casting solvent on the crystal characteristics and pervaporative separation performances of P(VDF-co-HFP) membranes[J]. Journal of Membrane Science,2006, 279(1):479-486.

[201] Suhartono J, Tizaoui C. Polyvinylidene fluoride membranes impregnated at optimised content of pristine and functionalised multi-walled carbon nanotubes for improved water permeation, solute rejection and mechanical properties[J]. Separation & Purification Technology,2015, 154:290-300.

[202] Maczka M, Fuentes A F, Hermanowicz K, et al. Luminescence and phonon properties of nanocrystalline Bi_2WO_6: Eu^{3+} photocatalyst prepared from amorphous precursor. [J]. Journal of Nanoscience & Nanotechnology,2010, 10(9):5746-5754.

[203] Kuan H C, Ma C C M, Chang W P. Synthesis, thermal, mechanical and rheological properties of multiwall carbon nanotube/waterborne polyurethane nanocomposite[J]. Composites Science & Technology,2005, 65(11):1703-1710.

[204] Wu X, Zhao B, Wang L, et al. Hydrophobic PVDF/graphene hybrid membrane for CO_2 absorption in membrane contactor[J]. Journal of Membrane Science, 2016, 520:120-129.

[205] Efome J E, Baghbanzadeh M, Rana D, et al. Effects of superhydrophobic SiO_2 nanoparticles on the performance of PVDF flat sheet membranes for vacuum membrane distillation[J]. Desalination,2015,373:47-57.

[206] Yue X U, Zheng W T, Wen-Xue Y U, et al. Crystallization behavior and mechanical properties of poly (vinylidene fluoride)/multi-walled carbon nanotube nanocomposites [J]. Chemical Research in Chinese Universities,2010, 26(3):491-495.

[207] Polymorphs A T. Membranes of polyvinylidene fluoride and PVDF nanocomposites with carbon nanotubes via immersion precipitation[J]. Journal of Nanomaterials,2014, 2008(1):17-25.

[208] Alkhudhiri A, Darwish N, Hilal N. Membrane distillation:A comprehensive review[J]. Desalination,2012, 287(8):2-18.

[209] Suk D E, Matsuura T, Park H B, et al. Synthesis of a new type of surface modifying macromolecules (nSMM) and characterization and testing of nSMM blended membranes for membrane distillation[J]. Journal of Membrane Science,2006,277(1):177-185.

[210] Cao X, Ma J, Shi X, et al. Effect of TiO_2 nanoparticle size on the performance of PVDF membrane[J]. Applied Surface Science,2006,253(4):2003-2010.

[211] Rezaei M, Ismail A F, Bakeri G, et al. Effect of general montmorillonite and Cloisite 15A on structural parameters and performance of mixed matrix membranes contactor for CO_2 absorption[J]. Chemical Engineering Journal,2015, 260:875-885.

[212] Balta S, Sotto A, Luis P, et al. A new outlook on membrane enhancement with nanoparticles:The alternative of ZnO[J]. Journal of Membrane Science,2012, 389:155-161.

[213] 秦英杰,刘立强,何菲,等. 内部热能回收式多效膜蒸馏用于海水淡化及浓盐水深度浓缩[J]. 膜科学与技术,2012, 32(2):52-58.

[214] Hu H, Wang X, Liu F, et al. Rapid microwave-assisted synthesis of graphene nanosheets-zinc sulfide nanocomposites:Optical and photocatalytic properties [J]. Synthetic Metals,2011, 161(5):404-410.

[215] Chen J S, Wang Z, Dong X C, et al. Graphene-wrapped TiO_2 hollow structures with enhanced lithium storage capabilities[J]. Nanoscale,2011, 3(5):2158-2161.

[216] Lv T, Pan L, Liu X, et al. Enhanced photocatalytic degradation of methylene blue by ZnO-reduced graphene oxide composite synthesized via microwave-assisted reaction[J]. Journal of Alloys & Compounds,2011, 509(41):10086-10091.

[217] Dong S, Li Y, Sun J, et al. Facile synthesis of novel ZnO/RGO hybrid nanocomposites with enhanced catalytic performance for visible-light-driven photodegradation of metronidazole[J]. Materials Chemistry & Physics,2014, 145(3):357-365.

[218] Chen Y, Zhang Y, Zhang H, et al. Biofouling control of halloysite nanotubes-decorated polyethersulfone ultrafiltration membrane modified with chitosan-silver nanoparticles[J]. Chemical Engineering Journal,2013, 228(28):12-20.

[219] Hong J, He Y. Polyvinylidene fluoride ultrafiltration membrane blended with nano-ZnO particle for photo-catalysis self-cleaning[J]. Desalination,2014, 332(1):67-75.

[220] Zha D A, Mei S, Wang Z, et al. Superhydrophobic polyvinylidene fluoride/graphene porous materials[J]. Carbon,2011, 49(15):5166-5172.

[221] Bottino A, Capannelli G, D′Asti V, et al. Preparation and properties of novel organic-inorganic porous membranes[J]. Separation and Purification Technology,2001, 22(1-3):269-275.

[222] 唐娜,陈明玉,袁建军. 海水淡化浓盐水真空膜蒸馏研究[J]. 膜科学与技术,2007, 27(6):93-96.

[223] 任建勋,张信荣. 中空纤维式减压膜蒸馏组件的温度压力分布及通量特性研究[J]. 膜科学与技术,2002, 22(1):12-16.

[224] Sangchay W, Sikong L, Kooptarnond K. Comparison of photocatalytic reaction of commercial P25 and synthetic TiO_2-AgCl nanoparticles[J]. Procedia Engineering,2012, 32:590-596.

[225] 苗义高,高家诚. 具有{010}晶面的锐钛矿 TiO_2 纳米柱状晶的水热合成及光催化性能的研究[J]. 材料导报,2014,28(s2):9-11,23.

[226] 吴亭亭. 含特定晶面金红石 TiO_2 的制备与光催化性能研究[D].北京:中国科学院

大学,2015.

[227] Rahimpour A, Jahanshahi M, Mollahosseini A, et al. Structural and performance properties of UV-assisted TiO_2 deposited nano-composite PVDF/SPES membranes[J]. Desalination,2012, 285(1):31-38.

[228] 韦志仁,刘新辉,武明晓,等. 水热合成长叶片状锐钛矿相 TiO_2 纳米晶[J]. 人工晶体学报,2010,39(3):691-695.

[229] Shi F, Ma Y, Ma J, et al. Preparation and characterization of PVDF/TiO_2 hybrid membranes with different dosage of nano-TiO_2[J]. Journal of Membrane Science,2012, 389:522-531.

[230] Kuo C Y,Lin H N,Tsai H A, et al. Fabrication of a high hydrophobic PVDF membrane via nonsolvent induced phase separation[J]. Desalination,2008, 233(1):40-47.

[231] Lalia B S, Guillen-Burrieza E, Arafat H A, et al. Fabrication and characterization of polyvinylidenefluoride-co-hexafluoropropylene (PVDF-HFP) electrospun membranes for direct contact membrane distillation[J]. Journal of Membrane Science,2013, 428(2): 104-115.

[232] 李晓红,刘作华,杜军,等. 疏水性 PTFE 微孔膜处理含 Cr(Ⅲ)稀溶液的实验研究[J]. 水处理技术,2005, 31(6):12-14.

[233] Razmjou A, Arifin E, Dong G, et al. Superhydrophobic modification of TiO_2 nanocomposite PVDF membranes for applications in membrane distillation[J]. Journal of Membrane Science,2012,415(10):850-863.

[234] Baiocchi C, Brussino M C,Pramauro E, et al. Characterization of methyl orange and its photocatalytic degradation products by HPLC/UV-VIS diode array and atmospheric pressure ionization quadrupole ion trap mass spectrometry[J]. International Journal of Mass Spectrometry,2002, 214(2):247-256.

[235] Prevot A B, Basso A, Baiocchi C, et al. Analytical control of photocatalytic treatments: degradation of a sulfonated azo dye[J]. Analytical & Bioanalytical Chemistry,2004, 378 (1):214.

[236] Chernov A A, De Yoreo J J, Rashkovich L N. Fluctuations and gibbs-thomson law-the simple physics[J]. Journal of Optoelectronics & Advanced Materials,2007, 9(5):1191-1197.

[237] Hu L, Dong S, Li Q, et al. Facile synthesis of BiOF/Bi_2O_3/reduced graphene oxide photocatalyst with highly efficient and stable natural sunlight photocatalytic performance [J]. Journal of Alloys and Compounds,2015, 633:256-264.

[238] Jiang Z, Huang Z H, Yong X, et al. Hydrothermal synthesis of graphene/Bi_2WO_6 composite with high adsorptivity and photoactivity for azo dyes[J]. Journal of the American Ceramic Society,2013, 96(5):1562-1569.

[239] Yang J, Wang X, Zhao X, et al. Synthesis of uniform Bi_2WO_6-reduced graphene oxide nanocomposites with significantly enhanced photocatalytic reduction activity[J]. Journal of Physical Chemistry C,2015, 119(6):3068-3078.

[240] Sun S, Wang W, Zhang L. Bi_2WO_6 quantum dots decorated reduced graphene oxide: improved charge separation and enhanced photoconversion efficiency [J]. Journal of Physical Chemistry C,2013,117(18):9113-9120.

[241] Li Y, Dong S, Wang Y, et al. Reduced graphene oxide on a dumbbell-shaped $BiVO_4$ photocatalyst for an augmented natural sunlight photocatalytic activity [J]. Journal of Molecular Catalysis A Chemical,2014, 387(2):138-146.

[242] Zhu J, Wang J G, Bian Z F, et al. Solvothermal synthesis of highly active Bi_2WO_6 visible photocatalyst[J]. Research on Chemical Intermediates,2009, 35(6-7):799-806.

[243] Hu L, Dong S, Li Y, et al. Controlled fabrication of monoclinic $BiVO_4$ rod-like structures for natural-sunlight-driven photocatalytic dye degradation[J]. Journal of the Taiwan Institute of Chemical Engineers,2014,45(5):2462-2468.

[244] Ohtsu N, Hiromoto S, Yamane M, et al. Chemical and crystallographic characterizations of hydroxyapatite-and octacalcium phosphate-coatings on magnesium synthesized by chemical solution deposition using XPS and XRD[J]. Surface & Coatings Technology, 2013,218:114-118.

[245] Yan Y, Sun S, Song Y, et al. Microwave-assisted in situ synthesis of reduced graphene oxide-$BiVO_4$ composite photocatalysts and their enhanced photocatalytic performance for the degradation of ciprofloxacin[J]. Journal of Hazardous Materials,2013,250-251(3): 106-114.

[246] Li H, Cui Y, Hong W, et al. Enhanced photocatalytic activities of $BiOi/ZnSn(OH)_6$ composites towards the degradation of phenol and photocatalytic H_2 production [J]. Chemical Engineering Journal,2013, 228(14):1110-1120.

[247] Chen L, Yin S F, Huang R, et al. Hollow peanut-like m-$BiVO_4$:facile synthesis and solar-light-induced photocatalytic property [J]. Crystengcomm, 2012, 14 (12): 4217-4222.

[248] Chen L, Zhang Q, Huang R, et al. Porous peanut-like BiO-BiVO composites with heterojunctions:one-step synthesis and their photocatalytic properties [J]. Dalton Transactions,2012,41(31):9513-9518.

[249] 李海雷,曹立新,柳伟,等. Ce/TiO_2 纳米管阵列的制备及光催化性能的研究[J]. 人工晶体学报,2012, 41(4):926-930.

[250] Lee G J, Anandan S, Masten S J, et al. Photocatalytic hydrogen evolution from water splitting using Cu doped ZnS microspheres under visible light irradiation[J]. Renewable Energy,2016, 89:18-26.

[251] Shirzadi A, Nezamzadeh-Ejhieh A. Enhanced photocatalytic activity of supported CuO-ZnO semiconductors towards the photodegradation of mefenamic acid aqueous solution as a semi real sample[J]. Journal of Molecular Catalysis A: Chemical, 2016, 411:222-229.

[252] Ding J, Yan W, Sun S, et al. Hydrothermal synthesis of $CaIn_2S_4$-reduced graphene oxide nanocomposites with increased photocatalytic performance [J]. Acs Applied Materials & Interfaces, 2014, 6(15):12877-12884.

[253] Zhu Z, Yan Y, Li J. One-step synthesis of flower-like WO_3/Bi_2WO_6 heterojunction with enhanced visible light photocatalytic activity[J]. Journal of Materials Science, 2016, 51(4):2112-2120.

[254] Zhu Z, Yan Y, Li J. Synthesis of flower-like WO_3/Bi_2WO_6 heterojunction and enhanced photocatalytic degradation for Rhodamine B[J]. Micro & Nano Letters Iet, 2015, 10(9):460-464.

[255] Liu F, Abed M R M, Li K. Preparation and characterization of poly (vinylidene fluoride) (PVDF) based ultrafiltration membranes using nano γ-Al_2O_3[J]. Journal of Membrane Science, 2011, 366(1):97-103.

[256] Hartono A, Satira S, Djamal M, et al. Effect of mechanical treatment temperature on electrical properties and crystallite size of PVDF film[J]. Advances in Materials Physics & Chemistry, 2013, 3(1):71-76.

[257] Tian X, Jiang X, Zhu B, et al. Effect of the casting solvent on the crystal characteristics and pervaporative separation performances of P(VDF-co-HFP) membranes[J]. Journal of Membrane Science, 2006, 279(1):479-486.

[258] Li Y, Dong S, Wang Y, et al. Reduced graphene oxide on a dumbbell-shaped $BiVO_4$ photocatalyst for an augmented natural sunlight photocatalytic activity[J]. Journal of Molecular Catalysis A Chemical, 2014, 387(2):138-146.

[259] Liu T, Ren C, Fang S, et al. Microstructure tailoring of the nickel oxide-Yttria-stabilized zirconia hollow fibers toward high-performance microtubular solid oxide fuel cells[J]. Acs Applied Materials & Interfaces, 2014, 6(21):18853-18860.

[260] Yang X, Wang R, Shi L, et al. Performance improvement of PVDF hollow fiber-based membrane distillation process [J]. Journal of Membrane Science, 2011, 369 (1-2):437-447.

[261] Celik E, Liu L, Choi H. Protein fouling behavior of carbon nanotube/polyethersulfone composite membranes during water filtration[J]. Water Research, 2011, 45(16):5287.

[262] 吴霞. 膜蒸馏过程中的膜润湿现象研究[D]. 北京:北京化工大学, 2012.

[263] Shakaib M, Hasani S M F, Ahmed I, et al. A CFD study on the effect of spacer orientation on temperature polarization in membrane distillation modules [J].

Desalination,2012,284(2):332-340.

[264] 关云山,程文婷,李剑锋,等. 膜蒸馏-结晶耦合从高浓度 KCl-MgCl-HO 溶液中回收 KCl[J]. 化工学报,2015, 66(5):1767-1776.

[265] 岳崇峰. 减压膜蒸馏浓缩处理脱硫液的试验研究[D]. 重庆:重庆大学, 2009.

[266] 赵晶,武春瑞,吕晓龙. 膜蒸馏海水淡化过程研究:三种膜蒸馏过程的比较[J]. 膜科学与技术,2009,29(1):83-89.

[267] 秦英杰,刘立强,何菲,等. 内部热能回收式多效膜蒸馏用于海水淡化及浓盐水深度浓缩[J]. 膜科学与技术,2012, 32(2):52-58.

[268] 唐建军,周康根,张启修,等. 减压膜蒸馏法脱除水溶液中氨——传质系数研究[J]. 矿冶工程,2002, 22(2):73-76.

[269] 李兆曼,丁忠伟,刘丽英,等. 真空膜蒸馏用于脱除水中氨的传质性能研究[J]. 北京化工大学学报(自然科学版),2006,34(2):23-27.

[270] 邵会生,潘艳秋,俞路. 膜蒸馏过程中流体流动与传热 CFD 数值模拟[J]. 计算机与应用化学,2012, 29(8):938-942.

[271] 杨晓宏,高虹,田瑞,等. 膜蒸馏组件中喷管形状对分离强化的数值模拟[C]//中国工程热物理学会. 中国工程热物理学会传热传质学术会议论文集. 北京:工程热物理学报,2007.

[272] Ghadiri M, Fakhri S, Shirazian S. Modeling of water transport through nanopores of membranes in direct-contact membrane distillation process[J]. Polymer Engineering & Science,2014, 54(3):660-666.

[273] Shirazi M M A, Kargari A, Ismail A F, et al. Computational fluid dynamic (CFD) opportunities applied to the membrane distillation process: State-of-the-art and perspectives[J]. Desalination,2016,377:73-90.

[274] Shakaib M, Hasani S M F, Ahmed I, et al. A CFD study on the effect of spacer orientation on temperature polarization in membrane distillation modules [J]. Desalination,2012, 284(2):332-340.

[275] Phattaranawik J, Jiraratananon R, Fane A G. Effects of net-type spacers on heat and mass transfer in direct contact membrane distillation and comparison with ultrafiltration studies[J]. Journal of Membrane Science,2003, 217(1):193-206.